Über Messung von dynamischem und statischem Druck bewegter Luft.

Von

OTTO KRELL jr.,
Ingenieur.

München und Berlin.
Druck und Verlag von R. Oldenbourg.
1904.

Inhaltsverzeichnis.

Seite

Über Messung von dynamischem und statischem Druck bewegter Luft.

Notwendigkeit weiterer Verbreitung exakter Luftmessungen 1
Unzweckmäfsigkeit mechanischer Mefswerkzeuge für den praktischen
    Ingenieur 3
Definition des dynamischen Druckes 4
Definition des statischen Druckes 4

Messung des dynamischen Druckes.

Pécletsche Röhre 5
Des Verfassers Versuchseinrichtung 6
Einflufs der Windrichtung auf die Mündung der Pécletschen Röhre . . 6
Versuch von Ser mit der Pécletschen Röhre 8
Charakteristische Punkte der Druckkurve 11
Stauhügel und Böschungswinkel 11
Versuch von Ser über Verteilung des statischen und dynamischen
    Druckes in einem luftdurchströmten Rohr 14
Kritik der Serschen Versuche 15
Die Mittel zur Erzeugung eines Versuchsluftstromes von der statischen
    Pressung ± 0 18
Zahlenmäfsige und graphische Zusammenstellung sämtlicher Versuche
    mit der Pécletschen Röhre 19
Unzweckmäfsigkeit der Aspirationsanemometer als Schlufsfolgerung aus
    den Versuchen 21
Vergleichender Versuch über den Einflufs der verschiedenen Gestalt
    der Rohrmundstücke 22
Recknagels Stauscheibe und seine Methode, den statischen Druck zu
    eliminieren 25
Bourdons Multiplicateur 25

Seite

Messung des statischen Druckes.

Druckmessung mittelst der stumpf in der Kanalwand endigenden Röhre   27
Die Sersche Druckscheibe 28
Druckdiagramm der Druckscheibe (Nullpunktdiagramm) 29
Bestätigung des Recknagelschen Koeffizienten durch das Druckdiagramm
    der Druckscheibe 30
Das Nullkreisdiagramm der Druckscheibe 31
Sers T-Rohr als Druckmesser 32
Sers Kombination der Pécletschen Röhre mit der Serschen Druckscheibe   32
Prandtls Druckmeſsrohr 32
Des Verfassers »Druckfahne« 33
Der Kollektor von Abbé 35
Der Kollektor von Nipher 36
Versuchsergebnisse mit Nipherkollektoren 38
Kritik des Nipherkollektors 38
Des Verfassers »Drucksonde« 40
Diagramm der Drucksonde 40
Nullkreisdiagramm der Staukugel 41
Nullpunktdiagramm der Staukugel 43
Nullpunktdiagramm der Pécletschen Röhre, verglichen mit dem der
    Staukugel 44
Theorie und Kritik der Drucksonde 46

Recknagelsche Stauscheibe und Krellsches Pneumometer.

Recknagels Versuchseinrichtung 49
Störung der Versuche durch den »Mitwind« 50
Experimentelle Erzeugung der Geschwindigkeitshöhe mittels der Pitotschen
    Röhre (Medium Wasser) 52
Das gleiche Experiment, ausgeführt mit der Recknagelschen Stauscheibe
    (Medium Luft) 54
Das Pneumometer von Krell sen. 56
Das Pneumometer als Druckmeſsinstrument 56
Stauscheibe von Rietschel 60
Stauscheibe von Prandtl 60

Tabelle I: Geschwindigkeitshöhen, Pneumometer- und Drucksonden-
    werte für Luftgeschwindigkeiten bis 100 m pro Sek. bei 0° C und
    760 mm Barometerstand 62
Tabelle II: Reduktionskoeffizienten für die Werte der Tabelle I bei
    verschiedenen Temperaturen und Barometerständen 64

Über Messung von dynamischem und statischem Druck bewegter Luft.

Die allgemeine Anwendung der elektrischen Energie zu den verschiedensten Zwecken hat auch auf dem Gebiete der Lüftungsanlagen einen tiefgreifenden Einfluſs ausgeübt. Es können heute an Stellen, an denen elektrischer Strom vorhanden ist, mit verhältnismäſsig geringem Energieaufwand durch mechanische Luftbewegung Anforderungen befriedigt werden, deren Erfüllung früher ausgeschlossen oder doch wenigstens ungeheuer erschwert gewesen wäre.

Die Sicherheit, mit welcher ein mechanischer Ventilator arbeitet, ohne von Witterungs- und Temperatureinflüssen abhängig zu sein, und seine dem Gefühl des Maschinentechnikers so viel näher liegende Wirkungsweise gegenüber den auf Temperaturgefälle beruhenden Zugwirkungen der sonst üblichen Lüftungseinrichtungen haben etwas Bestechendes.

Ein mechanischer Ventilator wird wohl nie vollständig versagen. Dies ist freilich ein Vorzug von zweifelhaftem Werte, denn nur diesem Umstande ist es zuzuschreiben, daſs auf dem Gebiete mechanischer Ventilation noch mehr gesündigt wird, als bei Anlagen mit natürlichem Zuge, weil sich hier ein begangener Fehler gewöhnlich wenigstens zum Teil durch erhöhten Energieaufwand auf Kosten des Wirkungsgrades verdecken läſst. Dies führt aber notwendigerweise zur Energievergeudung und in dieser liegt daher auch die gefährliche Klippe, welche der Lüftungstechniker, der mechanische Kraft zur Bewegung der Luft benutzt, in erster Linie zu vermeiden hat.

Nur beispielsweise sei hier einer Anlage gedacht, welche von einer auf dem Gebiete der Lüftung speziell arbeitenden Firma zur Entstaubung einer Werkstatt der Vereinigten Maschinenfabrik Augsburg und Maschinenbaugesellschaft Nürnberg A.-G. ausgeführt worden war und eines Kraftaufwandes von 110 PS zum Betriebe bedurfte. Lediglich durch zielbewußte Verbesserung der Luftführung auf Grund eingehender Messungen [1]) mit hydrostatischen Meßinstrumenten [2]) konnte Professor Prandtl den Kraftbedarf auf 35 PS herabmindern, wobei die Saugwirkung sogar noch eine bessere war als zuvor.

Angesichts solcher Tatsachen und mit Rücksicht auf die weitverbreitete Anwendung mechanischer Ventilatoren mit elektrischem Antrieb kann heutzutage der Maschineningenieur und Elektrotechniker nicht mehr der Notwendigkeit aus dem Wege gehen, sich ein eigenes Urteil über Lüftungsmaschinen und -Einrichtungen zu bilden; denn nur dann, wenn Kraftquelle, Ventilator und Luftleitungsanlage nach einheitlichen Gesichtspunkten richtig gewählt wurden, kann eine in allen Teilen gleichwertige und in ihrer Gesamtheit zweckmäßige Anlage entstehen.

Nur auf Grund vielfacher Erfahrungen wird es möglich sein, Einrichtungen zu schaffen, deren Energieaufwand im richtigen Verhältnis zu den gegebenen örtlichen und wirtschaftlichen Verhältnissen steht, und diese Erfahrung ist wiederum nur zu gewinnen durch ständiges Nachprüfen mittels zuverlässiger Messungen, ob und inwieweit die vorausberechneten und geschätzten Verhältnisse an der ausgeführten Anlage wirklich eingetreten sind, und welche Ursachen gegebenen Falles für die Abweichung der erzielten von der erwarteten Wirkung maßgebend gewesen sein können.

---

[1]) S. a. Dr. A. Wolpert und Dr. H. Wolpert, Die Ventilation 1901.
[2]) O. Krell sen., Hydrostatische Meßinstrumente.

Zu solchen Untersuchungen ist es aber eben erforderlich, über zuverlässige Mittel zur genauen Messung der Geschwindigkeit und des statischen Druckes der bewegten Luft zu verfügen.

So ist auch die vorliegende Arbeit dem unabweisbaren Bedürfnis entsprungen, eine brauchbare Meſsweise zur Ermittelung von Geschwindigkeit und Druck bewegter Luft nachzuweisen, wobei es in erster Linie notwendig erschien, die bekannten oder wenigstens in der Litteratur behandelten Meſsweisen einer eingehenden Prüfung zu unterziehen.

Wer sich die Mühe nimmt, den weiteren Ausführungen bis zum Schluſs zu folgen, wird es begreiflich finden, daſs alle mechanischen Anemometer (rotierende und statische), Schalenkreuzanemometer und Pendelanemometer etc. bei den Versuchen von vornherein ausgeschlossen wurden. Alle diese Instrumente sind für die praktischen Bedürfnisse des Ingenieurs unbrauchbar, weil sie von einer empirischen Aichung mit besonderen Mitteln, die nicht jedem Techniker zur Verfügung stehen, abhängig sind, und weil zudem der Besitzer eines solchen Werkzeuges niemals bei den Messungen die Gewiſsheit besitzt, ob sich die »Konstante« seines Instrumentes nicht in der Zwischenzeit durch etwas unsanfte Behandlung desselben oder dergleichen Zufälligkeiten geändert hat.

Ich komme am Schlusse meiner Ausführungen noch einmal auf diese Meſsweisen zurück und bemerke einstweilen nur, daſs das unmittelbar aus der Praxis hervorgegangene Bedürfnis aus obigen Gründen zu der ausschlieſslichen Untersuchung der hydrostatischen bzw. manometrischen Meſsweisen geführt hat.

Die manometrischen Verfahren zur Bestimmung der Geschwindigkeit der Luft beruhen alle auf der mehr oder weniger genauen Messung der dynamischen Pressungsverhältnisse an dem in den bewegten Luftstrom gebrachten Meſswerkzeug, während zur Bestimmung des statischen Druckes dasjenige Instrument das geeignetste sein würde, welches von dynamischen Wirkungen möglichst wenig beeinfluſst wird. Es sei hier gestattet, die Umgrenzung der Begriffe des dynamischen und statischen Druckes zu geben.

Unter dynamischem Druck der Luft versteht man in der Physik denjenigen Pressungszustand der Luft, welcher in der Umgebung eines in einen bewegten Luftstrom gebrachten festen Körpers unmittelbar und ausschliefslich durch die lebendige Energie der Luft erzeugt wird.

Unter statischem Druck dagegen versteht man denjenigen Pressungszustand, welcher an der Mefsstelle völlig unabhängig von den durch die Luftbewegung hervorgebrachten Druckverhältnissen noch besteht.

Messung des dynamischen Druckes.

Schon Péclet hat in der 1860 erschienenen dritten Auflage seines »Traité de la chaleur« S. 154 und 175 die manometrische Messung der Luftgeschwindigkeit behandelt, wobei er einen auch jetzt noch öfter angewendeten Apparat vorschlägt, welcher an der betreffenden Stelle des Rohres die unmittelbare Feststellung der Geschwindigkeitshöhe gestatten soll.

Er führt (Fig. 1) zwei dünne Rohre a und e in das Ventilationsrohr ein, von denen das eine e—c rechtwinkelig zur Rohrwand einmündet und zum Messen des statischen Druckes bestimmt ist, das andere b—c rechtwinkelig abgebogen mit seiner zugespitzten Mündung dem Luftstrom entgegengekehrt ist

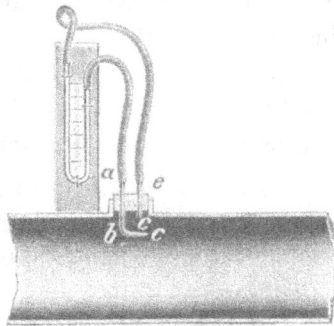

Fig. 1.

und zur Feststellung der dynamischen Druckhöhe dienen soll. Péclet behauptet, dafs der Druck auf die dem Luftstrom direkt entgegengesetzte Öffnung der Mefsröhre $a\,b\,c$ der Geschwindigkeitshöhe der bewegten Luft an dieser Stelle gleich sei, selbstverständlich vermehrt oder vermindert um den an der Mefsstelle herrschenden positiven oder negativen statischen Druck. Um diesen letzteren Einflufs gleich bei der Messung auszuscheiden, empfiehlt er den Anschlufs beider Röhrchen an ein gemeinsames Differentialmanometer, dessen Angabe dann direkt der Geschwindigkeitshöhe $\left(\dfrac{v^2}{2g}\,\gamma\right)$ entsprechen soll. Péclet ist mit dieser Anordnung sehr zufrieden und bedauert nur, kein genügend empfindliches Manometer zu besitzen, welches auch für die geringeren Geschwindigkeiten von 1, 2 und 3 m pro Sek. eine Messung der Geschwindigkeitshöhen gestatten würde.

In der Formel bedeutet v die Geschwindigkeit der Luft in Metern pro Sek., $g =$ die Beschleunigung der Schwere $= 9,81$ und γ das spez. Gewicht der Luft unter Berücksichtigung des Barometerstandes, der Temperatur und des Feuchtigkeitsgehaltes. Da es sich im Folgenden nur um Vergleichswerte handeln wird, bei welchen es auf die absoluten Beträge nicht ankommt, so ist überall Barometerstand, Temperatur und Feuchtigkeitsgehalt der Luft nicht in Rechnung gezogen, dagegen streng darauf gesehen worden, dafs nur gleichzeitig bzw. unter gleichen Verhältnissen gewonnene Werte miteinander verglichen wurden.

Es erscheint nun wichtig, das Verhalten einer solchen dem Luftstrom entgegengehaltenen Rohrmündung genauer zu untersuchen. Der Versuch wurde wie folgt vorgenommen:

Unter Anwendung eines Sirocco-Zentrifugal-Ventilators mit elektrischem Antrieb wurde ein mit besonderer Sorgfalt in allen Teilen gleichgerichteter Luftstrom aus einem 60 cm weiten runden Rohr geblasen. 50 cm vor d. h. aufserhalb der Rohrmündung wurde die rechtwinkelig abgebogene Mefsröhre, Fig. 2, von nebenstehender Gestalt (etwa $^2/_3$ der wahren Gröfse) so in das Innere des Luftstromes gebracht,

Fig. 2.

dafs der kurze Schenkel durch Drehen um die Achse des langen alle Stellungen der Windrichtung gegenüber einnehmen konnte. Die von der Achse des kurzen Schenkels dabei beschriebene Kreisfläche lag also parallel zu der Windrichtung.

Durch Versuche, auf welche später noch näher eingegangen werden soll, war festgestellt worden, dafs im Luftstrom 50 cm vor der Mündung fast genau der gleiche Druck herrschte wie im Versuchsraum am Aufstellungsort des Mikromanometers[1]), so

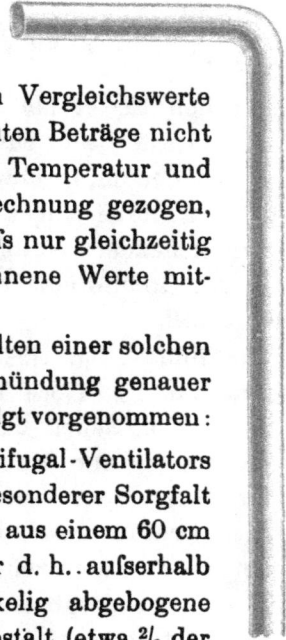

---

[1]) s. O. Krell sen., Hydrostatische Mefsinstrumente.

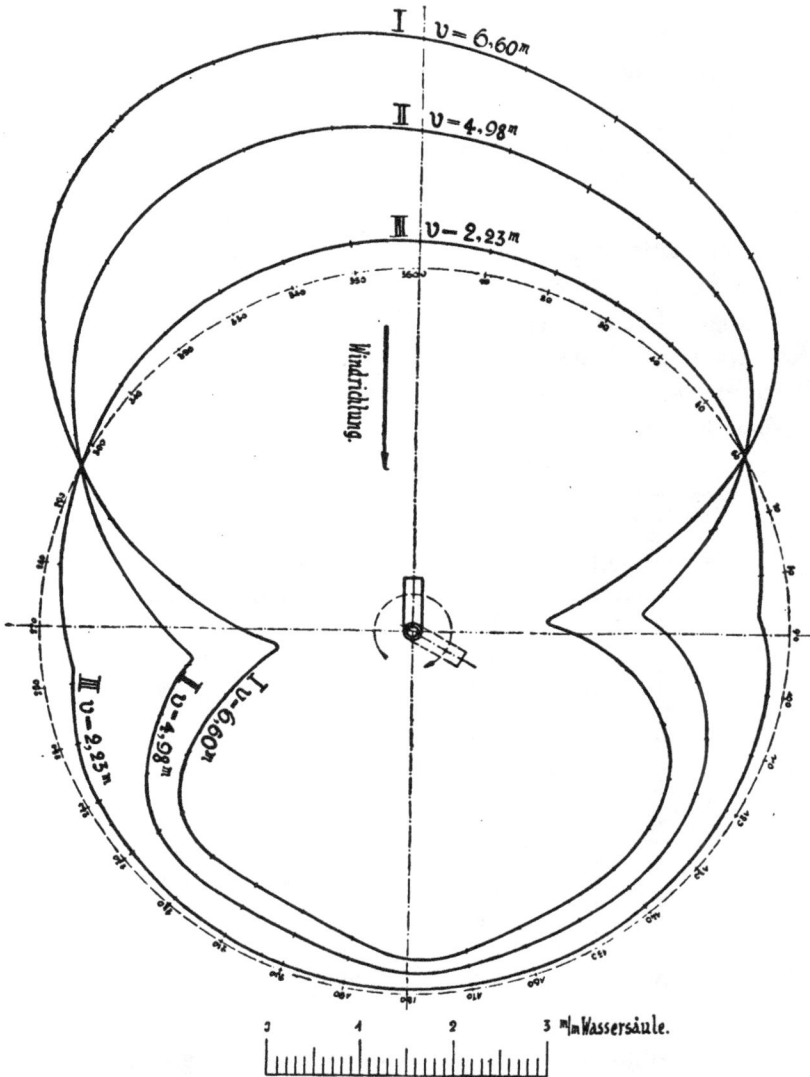

Fig. 3. Druckdiagramm für Messungen mit rechtwinklig abgeschnittener Röhre.

dafs also die gemessenen Drucke allein auf den Einflufs der Windgeschwindigkeit zurückgeführt werden können.

Die Messungen wurden zunächst für drei verschiedene Windgeschwindigkeiten vorgenommen und ergaben die in den drei Kurven der Fig. 3 zusammengestellten Resultate.

Das Diagramm der dynamischen Drucke ist in der Weise
hergestellt, daſs um den Pol mit einem beliebigen Halbmesser
ein Kreis beschrieben wird, welcher als Nullkreis angenommen
wird. Die Überdrucke werden dann von diesem Nullkreis aus
nach aufsen, die negativen Saugpressungen nach innen zu auf
den entsprechenden Richtungen des Rohrschenkels gegen den
Luftstrom aufgetragen; diese Art des Diagrammes sei im folgenden das »Nullkreisdiagramm« genannt.

Einen gleichen Versuch hat Ser[1]) bereits gemacht und in der
hier wiedergegebenen Zusammenstellung veröffentlicht. Die
Werte dieser Übersicht, in ein Nullkreisdiagramm aufgetragen,
ergeben Fig. 4.

Tabelle 1. (Ser, S. 363) 1888.

Angle du tube avec la direction du courant °	Indication manométrique (mm d'eau) mm	Angle du tube avec la direction du courant °	Indication manométrique (mm d'eau) mm
0	17,5	180	+ 3,1
20	15,8	200	+ 2,0
40	10,5	220	+ 0,8
56	0	228	0
60	− 3,0	240	− 2,1
80	− 16,4	260	− 5,4
82	− 17,6	270	− 8,4
90	− 11,9	278	− 16,8
100	− 5,5	280	− 16,8
120	− 2,7	300	− 4,4
136	0	306	0
140	+ 0,2	320	+ 8,0
160	+ 2,3	340	+ 15,7
180	+ 3,1	360	+ 17,5

Die vorzügliche Symmetrie dieser Werte legte den nach-
träglich als irrig erkannten Schluſs nahe, daſs die Gleichmäſsigkeit des von Ser verwendeten Luftstromes eine bessere gewesen
sei als diejenige unseres Versuchsstromes, welcher offenbar in
den symmetrischen Stellungen der Rohrmündung nicht ganz gleiche
Geschwindigkeiten bzw. Windrichtungen besaſs.

---

[1]) Ser, Traité de Physique Industrielle 1888.

Um diese örtlichen Einflüsse auszuscheiden, wurden die Versuche in der Weise wiederholt, daſs die Drehung des kurzen Schenkels nicht um die Achse des langen, sondern um eine zu

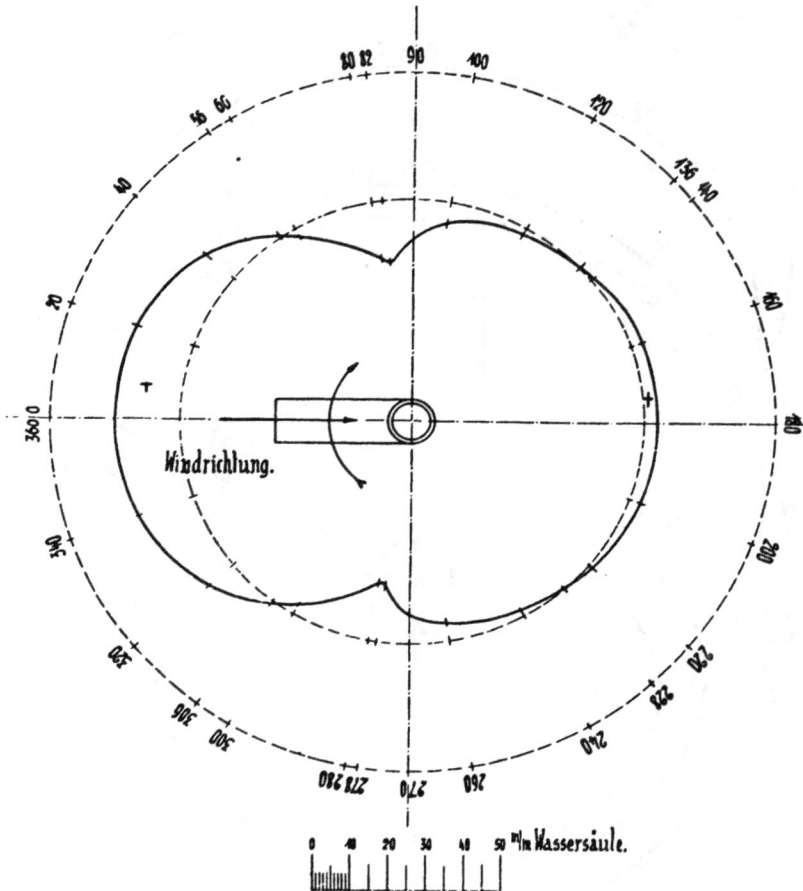

Fig. 4.

dieser parallel durch die Mündung des kurzen Schenkels gelegten Achse vollführt wurde, so daſs die Mündung den Ort im Luftstrom nicht wechselte. Diese Maſsnahme hatte den erwarteten Erfolg, so daſs sich die auf diese Weise erhaltenen Schaulinien, was Symmetrie anlangt, mit der Serschen messen können. (Fig. 5.)

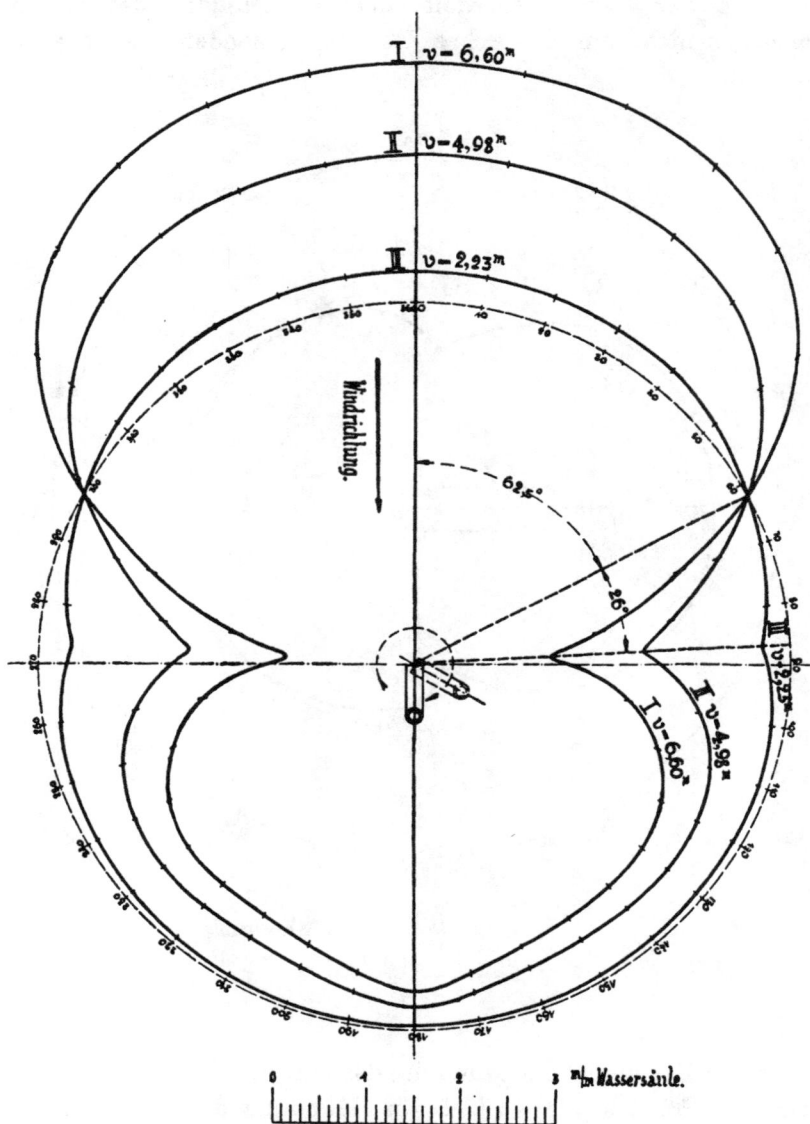

Fig. 5. Druckdiagramm für Messungen mit rechtwinklig abgeschnittener Röhre.

Die mit dem später näher zu beschreibenden Krellschen Pneumometer an der Meſsstelle bestimmten Luftgeschwindigkeiten sind bei den Schaulinien eingeschrieben, und es ist ersichtlich, daſs die gröſste Staupressung, welche sich ergibt, wenn die Mündung dem Luftstrom gerade entgegengekehrt ist, der Geschwindigkeitshöhe gleichkommt, ebenso wie die gröſste Saugpressung bei fast rechtwinkelig zum Luftstrom stehendem Rohrschenkel auch beinahe genau den negativen Zahlenwert der Geschwindigkeitshöhe zeigt.

Bemerkenswert ist ferner, daſs die Schenkelstellung für den Druck ± 0 für alle Geschwindigkeiten die gleiche ist, was dadurch im Diagramm zum Ausdruck kommt, daſs sich die Schaulinien für die verschiedenen Geschwindigkeiten in dem nämlichen Punkte des Nullkreises schneiden. Die Pressung ± 0 tritt im Meſsrohr auf, wenn der rechtwinkelig abgebogene Rohrschenkel unter einem Winkel von 62,5° gegen die Windrichtung gestellt wird. Diese Stellung ließ sich auſserordentlich genau feststellen, weil schon die geringste Verdrehung aus der richtigen Lage einen beträchtlichen Ausschlag am Mikromanometer (mit Übersetzungsverhältnis 1 : 50) hervorbrachte, wie dies auch in dem steilen Verlauf der Druckkurven in der Nähe der Nulllinie zum Ausdruck kommt.

Die saugende Wirkung des Luftstromes bei fast rechtwinkeliger Stellung des Rohrschenkels zur Windrichtung kann nur durch die Bildung eines Stauhügels an der vorderen Kante der Rohrmündung erklärt werden, und ich bin geneigt, die Böschung des Stauhügels als für alle Geschwindigkeiten nahezu gleichbleibend anzunehmen, weil die Schenkelstellung für die Nullpressung auch für alle Geschwindigkeiten nahezu die gleiche ist.

Die bemerkenswerte Tatsache, daſs die Rohrmündung um etwa 28 Grad dem Luftstrom entgegengekehrt werden muſs, damit an derselben die Pressung ± 0 entsteht, weist darauf hin, daſs der Böschungswinkel des Stauhügels β an der Mündung in Fig. 6 gleich dem Neigungswinkel α des Rohres gegen die Windrichtung sein und daher etwa 62° betragen muſs, denn nur wenn die Böschungsfläche des Stauhügels parallel zu der Ebene

der Rohrmündung verläuft, können die Luftfäden keinerlei Druck-
oder Saugwirkung auf die im Rohr befindliche Luftsäule ausüben.

Das Sersche Diagramm stimmt nun darin mit unseren Versuchen ganz überein, daſs auch bei ihm die gröſste Staupressung unter 0° der gröſsten Saugpressung gleich ist. Aus
dieser Gleichheit könnte geschlossen werden, daſs auch S e r in
einem Luftstrom von der statischen Pressung ± 0 gemessen hat,

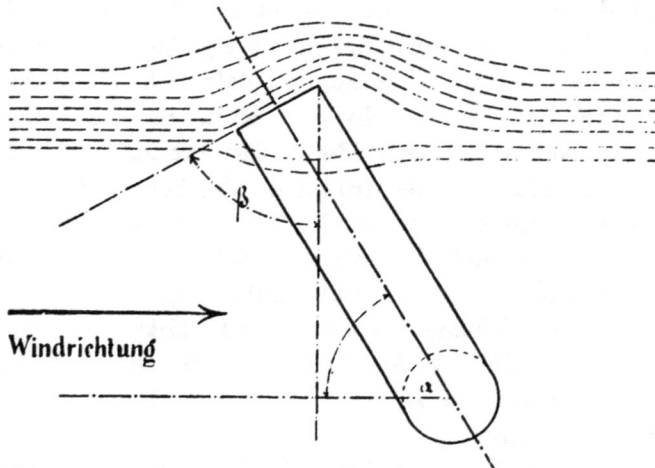

Fig. 6.

denn eine zusätzliche statische + oder — Pressung, welche ihr
Vorzeichen während des Versuches nicht ändern kann, müſste
die maximalen + und — Werte des Diagrammes in entgegengesetztem Sinne beeinflussen und die zahlenmäſsige Gleichheit
der Gröſst- und Kleinstwerte um das Doppelte ihres eigenen
Betrages stören. Bei der guten Übereinstimmung der Serschen
und unserer Versuche war es sehr auffallend, daſs die Richtungen für die Nullpressung und für die negativen Gröſstwerte
beträchtliche Abweichungen unseren Messungen gegenüber zeigten,
und daſs eine + Pressung bei abgekehrter Rohrmündung im
Serschen Diagramm auftritt.

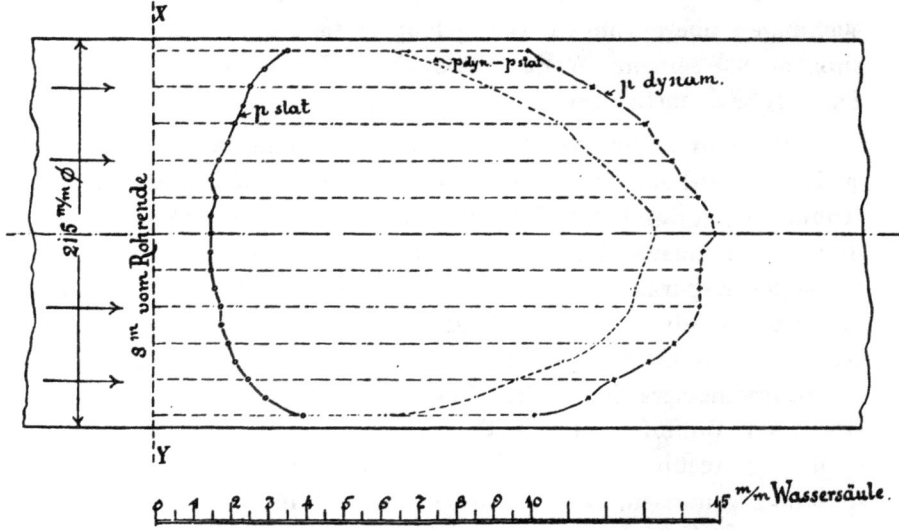

Fig. 7.

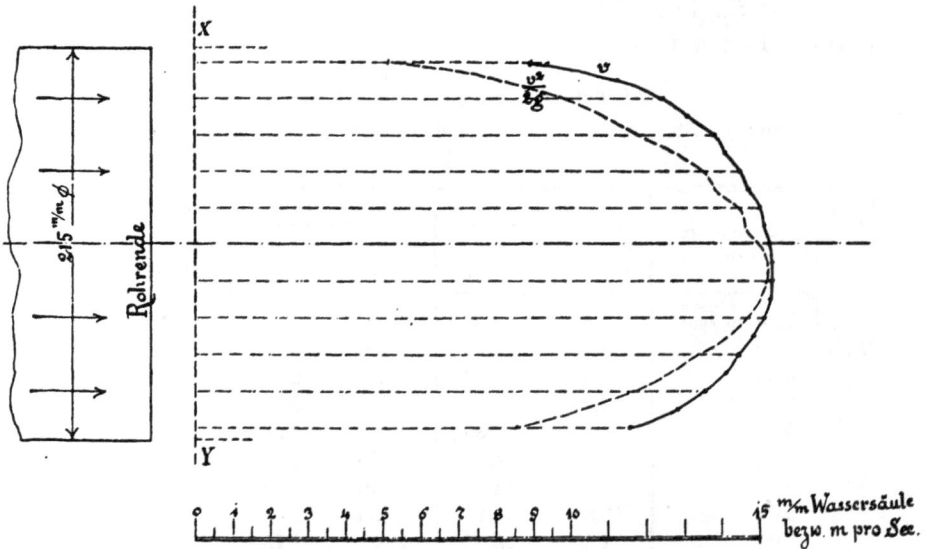

Fig. 8.

Erst einige Zeit nachdem ich bereits zu weiteren Untersuchungen übergegangen war, gelang es mir, die Ser schen Messungen in seinem Werk »Traité de Physique Industrielle,
Paris 1888«, nachzulesen.

Ich kann es mir nicht versagen, hier näher auf diese Versuche einzugehen, weil sie ungemein lehrreich dafür sind, welche
Irreführungen durch Zufälligkeiten, durch Mangel an Gründlichkeit
und durch unzuverlässige Meßwerkzeuge selbst bei einem so
gewiegten Experimentator wie Ser hervorgerufen werden können.
Ser machte, wie sich nun herausstellte, seine Versuche in einem
Rohr mit 215 mm Durchmesser. Schon die Wahl dieses geringen
Rohrdurchmessers ist bedenklich, weil die Wandungen einen
störenden Einfluß auf die Stauverhältnisse an der Meßrohr-
mündung ausüben müssen. Es wurde 8 m von der Kanal-
mündung gemessen. Einen Einblick in die Strömungsverhältnisse
an dieser Stelle geben die Versuche, welche von ihm mit demselben Kanal von 215 mm Durchmesser an der Mündung und
ebenfalls 8 m von ihr entfernt gemacht wurden. Die Versuchs-
werte hierfür habe ich in Fig. 7 und 8 (S. 13) nach der Tabelle
gewissenhaft aufgetragen.

Tabelle 2.   (Ser, S. 366) 1888.

Pressions et vitesses dans un tuyau de 0,215 ^{m} de diamètre suivant la
distance de l'axe

Distance au centre	Section de sortie		Section à 8 m de l'extrémite		
	Pression dynamique	Vitesse correspondante	Pression dynamique	Pression statique	Différence de pression
0,10 au dessus du centre	5,15	8,96	·10,00	3,60	6,40
0,09	8,10	11,25	10,85	3,00	7,85
0,08	10,00	12,50	11,70	2,62	9,08
0,07	11,00	13,11	12,40	2,45	9,95
0,06	11,80	13,85	13,05	2,20	10,85
0,05	12,75	14,11	13,35	2,00	11,35
0,04	13,50	14,52	13,75	1,80	11,95
0,03	13,85	14,11	14,05	1,65	12,40
0,02	14,50	15,05	14,50	1,70	12,80
0,01	14,65	15,12	14,80	1,55	13,25
0,00	14,95	15,34	14,90	1,57	13,33

Distance au centre	Section de sortie		Section à 8 m de l'extrémite		
	Pression dynamique	Vitesse correspondante	Pression dynamique	Pression statique	Différence de pression
0,01 au dessous du centre	15,25	15,35	14,60	1,55	13,15
0,02	15,25	15,35	14,55	1,55	13,00
0,03	15,05	15,32	14,50	1,65	12,85
0,04	14,75	15,17	14,50	1,80	12,70
0,05	14,25	14,91	14,25	1,85	12,40
0,06	13,40	14,49	13,85	2,00	11,85
0,07	12,70	14,11	13,15	2,20	10,95
0,08	11,70	13,52	12,25	2,55	9,70
0,09	10,50	12,80	11,55	3,00	8,55
0,10	8,60	11,59	10,15	4,00	6,15

Ser begnügt sich damit festzustellen, daſs eine starke Änderung sowohl des dynamischen als des statischen Druckes in ein und demselben Kanalquerschnitt stattfinden könne, und zwar sei der statische Druck gegen die Wandung zunehmend, der dynamische abnehmend. Daſs aber eine solche statische Druckverteilung innerhalb eines Querschnittes sofort Querströmungen hervorrufen müſste und ein paralleler Verlauf der Luft-fäden zur Rohrachse ausgeschlossen ist, zu diesem Schluſs gelangt Ser nicht. Die Meſsergebnisse in seinem Versuchsrohr weisen mit zwingender Notwendigkeit auf eine Schraubenbewegung der Luft im Rohre hin, denn nur dann kann ein Beharrungs- und Gleichgewichtszustand infolge der Zentrifugalwirkung der Luft eintreten, welcher eine gegen die Rohrwand wachsende, symmetrisch zur Kanalachse verlaufende statische Pressung ergibt. Dabei ist es durchaus nicht zur Erklärung der Schraubenbewegung der Luft erforderlich, die Verwendung eines Schraubenventilators anzunehmen. Man erhält auch bei Verwendung von Schleudergebläsen mitunter schraubenförmige Bewegung im Luftrohr, wie ich dies bei unserer Versuchseinrichtung feststellen konnte. In bezug auf die Rohrachse ist die Schraubenbewegung der Luft vollkommen symmetrisch, und so kommt es, daſs Ser für sein Diagramm die vorzügliche Symmetrie erhält, welche er auch im Text ganz besonders hervorhebt und welche auch mich

2*

zu dem irrigen Schluſs führte, daſs die Gleichmäſsigkeit seines
Versuchsstromes der des unsrigen überlegen gewesen sei.   Durch
die Angabe, daſs 8 m von der Mündung innerhalb des Rohres
gemessen worden sei, wird nun auch der Überdruck in der
Schaulinie Fig. 4 für die dem Luftstrom abgekehrte Stellung des
Meſsrohres erklärlich.   Aber wie soll dann die Übereinstimmung
der positiven und negativen Höchstpressung im Serschen Diagramm erklärt werden, welche nach unseren Versuchen, die insofern einwandfrei sind, als die Mündung des Meſsrohres ihren
Ort nicht änderte, keine zufällige, sondern sogar eine sehr be-
zeichnende ist?   Auch dazu bietet die Schraubenbewegung der
Luft den Schlüssel.   Bei früheren Versuchen konnten in Luft-
kanälen Steigungen der Schraubenlinie bis zu 44° gegen die
Mantellinie des Rohres festgestellt werden, wobei die absolute
Geschwindigkeit in Richtung der Schraubenlinie also um ca. 0,4
gröſser war als die in der Richtung der Rohrachse auftretende
Komponente.   Dadurch, daſs nun Ser nicht die Vorsicht gebrauchte,
das Rohr um die Meſsrohrmündung zu drehen, sondern diese in
einem Kreis von der Schenkellänge des Rohres um die Achse
des langen Schenkels herumführte, brachte er die Mündung in
Gegenden des Luftstromes, in welchen die absolute Geschwindigkeit der Luft zufällig so groſs war, daſs ihre dynamische
Saugwirkung nicht nur den statischen Überdruck an dieser Stelle,
sondern auch die durch ihn hervorgerufene Vergröſserung der
höchsten Staupressung in der Kanalsachse ausgleichen konnte.
Hätte Ser zufällig eine andere Schenkellänge für sein Meſsrohr
gewählt, so hätte er wahrscheinlich eine Übereinstimmung der
maximalen Stau- und Saugpressung nicht erhalten.   Auch die
Verschiebung der Richtung für die Nullpressung im Serschen
Diagramm, Fig. 4, um 6° nach vorne dem unsrigen, Fig. 5, gegenüber und das nochmalige Schneiden der Nullinie auf der Leeseite[1]) der Kurve läſst sich mit der Schraubenbewegung der Luft
an der Meſsstelle ausreichend erklären.   Ser ist also keineswegs
berechtigt, von diesen Versuchen (Seite 364) zu schreiben:

---

[1]) Leeseite, seemännischer Ausdruck für die dem Winde abgekehrte Seite.

»Les nombres que nous venons de donner ne s'appliquent évidemment qu'au cas particulier de l'expérience, mais le fait général de la variation de pression avec l'inclinaison du tube doit être toujours le même et montre combien dans les mesures manométriques, il faut avoir soin de diriger le tube et de présenter son orifice exactement dans la direction qui convient.«

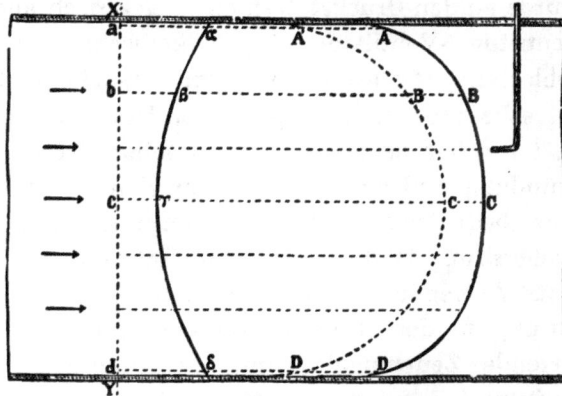

Fig. 7a.

Dieser Versuch und der über die Geschwindigkeitsverteilung im Rohr beweisen, daſs von ihm selbst seine Mahnung bezüglich des genauen Einstellens des Meſsrohres in die Windrichtung nicht genügend beachtet wurde.

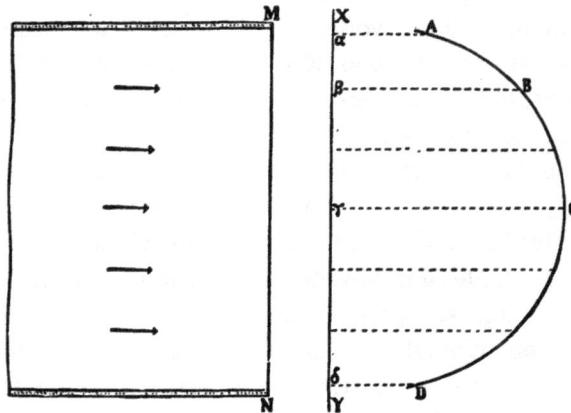

Fig. 8a.

Seine Geschwindigkeitskurven, welche in Fig 7a und 8a photographisch wiedergegeben sind, können auſserdem nur als Schema dienen, weil sie die Werte seiner Tabelle nicht genau wiedergeben, wie die von mir vorgenommene graphische Darstellung der Tabellenwerte in Fig. 7 und 8 zeigt.

Um dem Leser ein eigenes Urteil über die Beschaffenheit des von mir verwendeten Versuchsstromes zu geben, mögen hier

die Maßnahmen beschrieben sein, welche zur Herstellung eines
möglichst geraden und gleichmäßigen Luftstromes ergriffen
wurden. Ein 8 m langes Blechrohr von 60 cm Durchmesser
wurde an den Druckstutzen eines elektrisch angetriebenen Sirocco-
Zentrifugal-Ventilators mittels konischen Übergangsrohres ange-
schlossen. Mit sämtlichen zum Versuche vorbereiteten, zum Teil
als sehr zuverlässig empfohlenen Druckmeßinstrumenten, welche
später näher behandelt werden sollen, ergab sich an der Rohrmündung und außerhalb, sogar ziemlich weit von ihr entfernt,
eine bedeutende statische Unterpressung gegenüber dem Versuchsraum. Diese unerwartete Erscheinung ließ vermuten, daß
trotz Anwendung eines Schleudergebläses die Luft schrauben-
förmig aus dem Rohr ausströmte und daß durch die dabei auftretende Zentrifugalwirkung ein Unterdruck in der Mitte des
Luftstrahles entstand. Zur Untersuchung des Stromes wurde
nun ein quadratischer Holzrahmen von ca. 1 m Seitenlänge mit
feinen, je 2 cm voneinander abstehenden Drähten kreuzweise be-
spannt und in den Kreuzungspunkten der Drähte feine, leicht-
bewegliche Fädchen von etwa 3—4 cm Länge befestigt. Diese
Fädchen zeigten, in den Luftstrom gehalten, in der anschaulich-
sten Weise die Begrenzung des Stromes sowie an jeder Stelle
die Richtung des Windes, und es war beim Visieren über die
Gitterfläche deutlich wahrzunehmen, daß die Fädchen auf der
einen Seite der Mittelachse nach unten, auf der anderen nach
oben abgelenkt waren und einen nach dem Umfange zu wach-
senden Winkel von. im Mittel 30⁰ miteinander bildeten. Damit
war meine Vermutung von der Schraubenbewegung des Luftstromes bestätigt. Zur Gradrichtung des Luftstromes wurden
nun in das Ende des Luftrohres 53 Blechrohre von 80 mm Durchmesser und 500 mm Länge eingeschoben. Der Erfolg war gut,
aber nicht vollkommen, denn es konnte immer noch Unterpressung, wenn auch nur eine sehr geringe, in der Achse des Luftstromes festgestellt werden. Erst nachdem zwischen Ventilator
und Versuchsrohr noch ein zufällig vorhandenes, 6 m langes,
quadratisches, mit 5 parallelen Wänden der Länge nach durch-
zogenes Rohr eingeschaltet war, konnte eine zufriedenstellende

Beschaffenheit des Luftstromes für die Versuche festgestellt werden.

Zu dem Diagramm, Fig. 5, zurückkehrend, bemerke ich, dafs ich die Eintragung der Zahlen für die genauen Mefswerte in die Figur der Deutlichkeit wegen unterliefs; weil aber diese Messungen doch für gewisse Zwecke von grundlegender Bedeutung sein können, so gebe ich die gemessenen Werte in nachstehender Zusammenstellung, Tabelle 3, wie sie ermittelt wurden.

Tabelle 3.

Neigungswinkel des Meßrohres gegen die Windrichtung	$v = 2,23$ m Druck in mm $H_2 O$	$v = 4,98$ m Druck in mm $H_2 O$	$v = 6,60$ m Druck in mm $H_2 O$	$v = 20$ m Druck in mm $H_2 O$	$v = 24,3$ m Druck in mm $H_2 O$
Grad					
0	0,32	1,63	2,62	26,0	39,5
10	0,316	1,60	2,59	25,7	38,8
20	0,30	1,57	2,53	25,3	38,0
30	0,284	1,48	2,35	24,2	36,5
40	0,25	1,24	1,99	20,7	32,2
50	0,15	0,79	1,30	12,7	22,0
60	0,034	0,15	0,26	3,0	5,5
62,5	± 0,00	± 0,00	± 0,00	± 0,0	± 0,0
70	− 0,08	− 0,56	− 1.00	− 9,0	− 18,5
80	− 0,19	− 1,24	− 2,00	− 19,7	− 33,2
87,5	− 0,31	− 1,59	− 2,60	− 26,0	− 39,5
90	− 0,24	− 1,37	− 2,35	− 25,8	− 39,0
100	− 0,14	− 0,92	− 1,68	− 21,2	− 32,5
110	− 0,10	− 0,66	− 1,25	− 15,2	− 24,2
120	− 0,09	− 0,53	− 0,97	− 9,7	− 15,2
130	− 0,076	− 0,49	− 0,84	− 6,5	− 9,1
140	− 0,06	− 0,48	− 0,81	− 6,2	− 8,5
150	− 0,054	− 0,48	− 0,78	− 6,7	− 8,7
160	− 0,05	− 0,46	− 0,70	− 6,2	− 7,7
170	− 0,044	− 0,34	− 0,56	− 5,0	− 6,0
180	− 0,036	− 0,24	− 0,40	− 3,7	− 4,6
190	− 0,044	− 0,35	− 0,56	− 5,2	− 6,1
200	− 0,05	− 0,46	− 0,71	− 6,3	− 7,6
210	− 0,054	− 0,49	− 0,80	− 6,7	− 8,6
220	− 0,060	− 0,50	− 0,83	− 6,2	− 8,2
230	− 0,076	− 0,51	− 0,86	− 6,6	− 9,1
240	− 0,090	− 0,55	− 0,98	− 9,8	− 15,0
250	− 0,100	− 0,68	− 1,26	− 15,3	− 24,0
260	− 0,140	− 0,97	− 1,70	− 21,5	− 32,5

Neigungswinkel des Meßrohres gegen die Windrichtung	$v = 2,23$ m Druck in mm H_2O	$v = 4,98$ m Druck in mm H_2O	$v = 6,60$ m Druck in mm H_2O	$v = 20$ m Druck in mm H_2O	$v = 24,3$ m Druck in mm H_2O
Grad					
270	— 0,240	— 1,40	— 2,40	— 25,7	— 39,0
272,5	— 0,310	— 1,60	— 2,62	— 26,0	— 39,5
280	— 0,190	— 1,26	— 2,04	— 19,6	— 33,0
290	— 0,080	— 0,58	— 1,00	— 8,8	— 18,2
298	± 0,00	± 0,00	± 0,00	± 0,0	± 0,0
300	0,034	0,14	0,24	3,0	5,5
310	0,150	0,78	1,27	12,8	22,2
320	0,25	1,22	1,97	20,6	32,1
330	0,284	1,46	2,34	24,0	36,7
340	0,30	1,56	2,54	25,3	38,0
350	0,316	1,59	2,58	25,7	38,9
360	0,32	1,62	2,62	26,0	39,5

Die Zusammenstellung der Tabellenwerte in einem Nullkreisdiagramm ergibt die Fig. 9, welche Fig. 5 gegenüber im Maßstab etwas anders gehalten ist und die Kurven für die höheren Geschwindigkeiten enthält.

Wie aus der Abhandlung über Anemometer von Neumayer[1]) zu entnehmen ist, wird die Tatsache der Saugwirkung eines über eine Rohrmündung hinwegstreichenden Windes dazu benutzt, um die Geschwindigkeit dieses Windes zu messen. Unser Diagramm, Fig. 9, zeigt aber, daß diese Art der Messung zur Bestimmung der maximalen Saugpressung nur in solchen Fällen anwendbar ist, in denen die jedesmalige Einstellung auf den maximalen Saugdruck zum Zweck der Messung vorgenommen werden kann. Eine unverrückbar, z. B. senkrecht aufgestellte Röhre mit horizontaler Mündungsebene würde selbst bei ganz horizontalen Winden nicht den Wert der Geschwindigkeitshöhe geben, weil nach dem Diagramm, Fig. 9, die Richtung des Rohres für die maximale Saugpressung von der Senkrechten zum Luftstrom abweicht. Außerdem würden aber schon die geringsten Abweichungen des Windes von der horizontalen Richtung große Meß-

---

¹) Anemometerstudien auf der Deutschen Seewarte von Dr. G. Neumayer, bearbeitet von Dr. Hugo v. Hasenkamp, Hamburg 1897.

fehler ergeben, wie aus dem steilen Verlauf der Druckkurve
(Diagramm Fig. 9) gerade an dieser Stelle geschlossen werden
kann. Selbst wenn die von Neumayer bestimmten Koeffizienten
eine bessere Übereinstimmung zeigen würden, wäre die Ein-

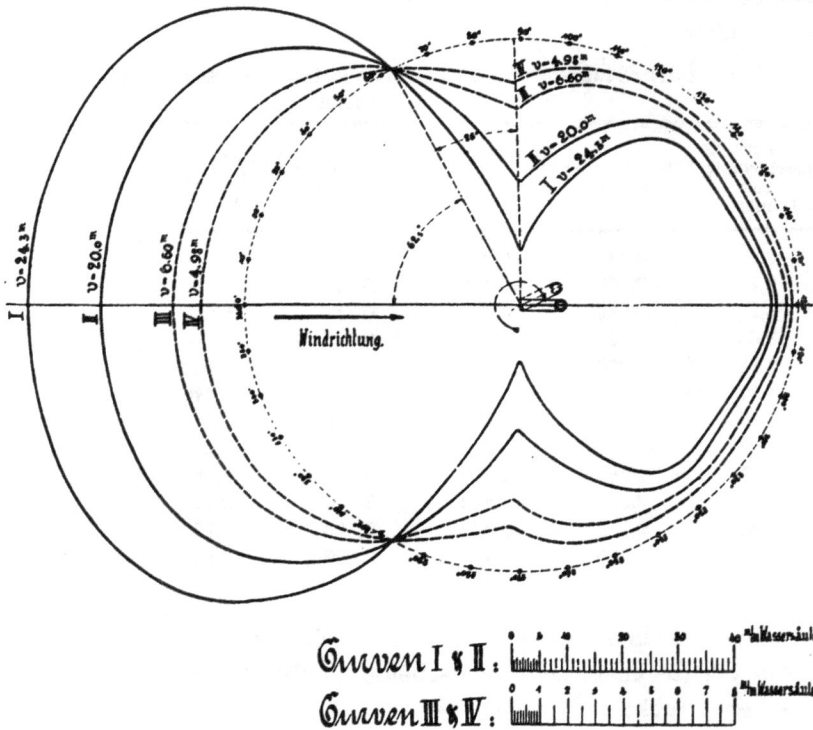

Fig. 9.

richtung wegen ihrer grofsen Empfindlichkeit gegen die geringste
Richtungsänderung des Windes gegenüber der Horizontalen für
Messungen unbrauchbar.

Die Gegend der positiven Staupressung in der Schaulinie
erweist sich im Gegensatz hierzu wegen des sehr flachen Ver-
laufes der Druckkurve an dieser Stelle vorzüglich geeignet zu
Messungen, indem geringe Ungenauigkeiten in der Einstellung
der Rohrmündung zur Windrichtung nur einen verschwindenden
Einfluſs auf das Meſsergebnis ausüben.

Für diese Art von Messungen wurde auch der Versuch ge-
macht, den Einfluſs der verschiedenen Ausbildung der Mündungen
zu bestimmen, wie sie häufiger zum Messen von dynamischem
Druck Anwendung finden. Die nachstehende Tabelle 4 enthält die
Versuchsergebnisse für die in Fig. 10 bis 14 genau dargestellten
Meſswerkzeuge.

Tabelle 4. Über Staupressungen an Rohren mit verschiedenen Mundstücken.
Werte in mm Wassersäule.

Luft-geschwindig-keit in m/Sek.	Kurze Röhre Fig. 10	Halblange Röhre Fig. 11	Spitze Röhre Fig. 12	Lange Röhre mit Trichter Fig. 13	Stauscheibe Fig. 14
2,29	0,342	0,342	0,342	0,342	0,342
2,76	0,460	0,490	0,504	0,494	0,507
3,23	0,660	0,690	0,714	0,680	0,686
3,68	0,860	0,910	0,920	0,910	0,890
4,13	1,070	1,130	1,150	1,120	1,123
4,57	1,290	1,350	1,370	1,370	1,379
4,94	1,530	1,570	1,600	1,590	1,615
5,27	1,740	1,810	1,810	1,810	1,838
5,65	1,980	2,050	2,060	2,080	2,118
6,20	2,350	2,450	2,410	2,420	2,540
6,64	2,650	2,770	2,770	2,770	2,780
6,97	3,000	3,150	3,150	3,150	3,210

Die Tabellenwerte sind als Vergleichswerte in bezug auf die
durch die Recknagelsche Stauscheibe (Reihe 6) gemessenen dynamischen Drucke aufgestellt.

Wie man sieht ist die Übereinstimmung eine ganz gute,
wenn der kurze Schenkel nicht allzu kurz wie z. B. in Fig. 10
gewählt wird.

Alle bisher besprochenen Meſswerkzeuge lassen sich teils
gut, teils vorzüglich zu Geschwindigkeitsmessungen benutzen, es
haftet ihnen jedoch der Fehler an, daſs sie gleichzeitig mit dem
dynamischen Druck auch die an der Meſsstelle herrschende
statische Pressung (Über- oder Unterpressung) mitmessen. Sie
sind also zur Geschwindigkeitsmessung nur brauchbar, wenn man
die Möglichkeit hat, entweder die statische Pressung auszuscheiden
oder diese an der Meſsstelle zu ermitteln.

Ein Bestreben, sich vom statischen Druck an der Mefsstelle unabhängig zu machen, finden wir allenthalben.

So beschreibt Péclet in der dritten Auflage seines bereits obengenannten Werkes »Traité de la chaleur« (Seite 153) eine bei seinen Messungen benutzte Methode den Einflufs des statischen Druckes auszuscheiden. Er verwendet zur Messung des dyna-

Fig. 10.   Fig. 11.   Fig. 12.

mischen Druckes das konisch zugespitzte Mundstück Nr. 12 unserer Tabelle und mifst den statischen Druck durch Einführung einer stumpf endigenden Röhre senkrecht zur Kanalachse, deren Mündung mit der Kanalwand abschneidet. Die Fig. 1 (Seite 5) zeigt seine Anordnung, aus welcher weiter ersichtlich ist, dafs er die Leitungen der beiden Mefsrohre mit den beiden Schenkeln einer mit Wasser gefüllten U-Röhre verbindet, wodurch er unmittelbar den in beiden Angaben enthaltenen statischen Druck ausgleicht und so die reine Geschwindigkeitshöhe zu erhalten

hofft. Diese Art der Messung kann aber nicht ganz befriedigen,
denn der statische Druck ist an einer anderen Stelle gemessen
als der dynamische, und wir haben an den Serschen Versuchen
gesehen, daſs gerade gegen die Wandung der Kanäle hin mitunter sehr beträchtliche Druckabweichungen vorhanden sein
können, wenn die Luftbewegung nicht genau parallel zur Kanal-

Fig. 13.   Fig. 14.

achse stattfindet, und das ist bei gewöhnlichen Anlagen fast niemals der Fall.

Diesen Nachteil, welcher mit der Kombination von ungleich-
wertigen Messungen verbunden ist, vermeidet Recknagel mit
seiner Methode auf folgende Weise. Er stellte fest — und wir
werden sehen, wie gut die von ihm gewonnenen Ergebnisse mit
den unsrigen übereinstimmen — daſs im Mittelpunkt der dem
Luftstrom abgekehrten Seite der Stauscheibe eine Unterpressung
entsteht, welche gleich 0,37 der vorne in der Mitte der Scheibe

entstehenden Geschwindigkeitshöhe ist. Bezeichnet man den statischen Druck an der Meſsstelle mit p_o, die Staupressung vorne an der Scheibe mit p_v, die Unterpressung hinten mit p_h, so ist die vorne gemessene Gesamtpressung $p_o + p_v$, die hinter der Scheibe gemessene Gesamtpressung $p_o - p_h$. Recknagel miſst nun einmal die Gesamtpressung vorne, dreht dann die Scheibe um 180° und miſst die Gesamtpressung hinten und bildet die Differenz beider Messungen, wodurch er erhält

$$(p_o + p_v) - (p_o - p_h) = p_v + p_h.$$

Man sieht, daſs auf diese Weise der statische Druck p_o eliminiert werden kann. Nachdem ferner erwiesen ist, daſs nummerisch $p_h = 0{,}37\, p_v$ ist, so erhält man für den ganzen Pressungs-unterschied zwischen Vorder- und Rückseite der Stauscheibe $1{,}37\, p_v$, woraus sich p_v die Geschwindig-keitshöhe und somit die Geschwindigkeit selbst berechnen läſst.

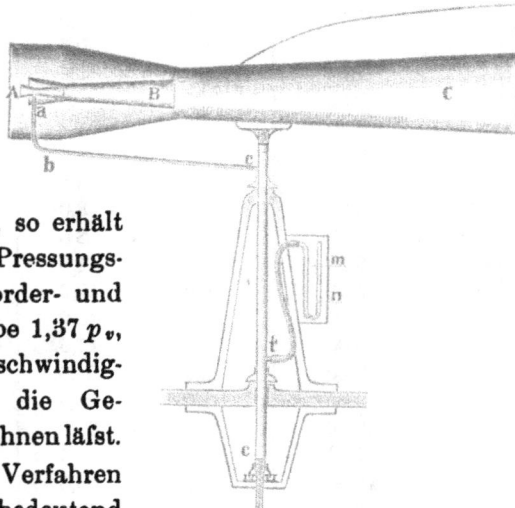

Fig. 15.

Übertrifft dieses Verfahren dasjenige Péclets ganz bedeutend an Zuverlässigkeit, so muſs doch in der nicht gleichzeitigen Messung besonders bei nicht ganz stetigen Geschwindigkeits- oder Druckverhältnissen noch ein Mangel der Meſsweise erblickt werden.

Der Vollständigkeit wegen sei hier noch eine eigenartige Einrichtung erwähnt, welche Ser beschreibt. Es ist der Multiplicateur Bourdon (Fig. 15). Bourdon verwendete zür Windmessung drei ineinandergesetzte ejektorartige Doppelkonen, von denen jeder die Saugwirkung des von ihm eingeschlossenen verdrei- bis vierfachte, so daſs z. B. bei 4 m Windgeschwindigkeit, für welche bekanntlich die Geschwindigkeitshöhe $\curvearrowright$ 1 mm W. S. beträgt, im gröſsten Doppelkonus 4 mm, im zweiten 16 mm, im dritten und kleinsten 64 (65) mm gemessen wurden. Bourdon legte seine Beobachtungen in einer Tabelle nieder, welche hier aus dem Serschen Werke[1]) wiedergegeben ist.

Bourdon. Tabelle 5.

Vitesse du vent et dépressions observées à chacun des trois tubes.

Vitesse du vent en mètres par seconde $v = \sqrt{\frac{2g e}{d}}$	Pressions vives en millimètres d'eau $e = d\frac{v^2}{2g}$	Dépressions en millimètres d'eau		
		au 1er Tube extérieur	au 2e Tube moyen	au 3e Tube intérieur
1,10	0,1	0,3	0,9	4
1,50	0,2	0,6	1,8	6
1,90	0,3	0,9	3,6	11
2,30	0,4	1,3	4,6	17
2,60	0,5	1,7	6,0	21
3,00	0,6	2,1	7,5	28
3.20	0,7	2,5	9,2	35
3,50	0,8	3,0	10,8	44
3,70	0,9	3,5	14,0	56
3,90	1,0	4,0	16,0	65
5,70	2,0	8,0	32,0	135
6,90	3,0	13,0	52,0	210
8,00	4,0	17,0	70,0	290
9,00	5,0	21,0	87,0	370
9,80	6,0	26,0	110,0	450
10,50	7,0	30,0	126,0	530
11,30	8,0	35,0	149,0	620
12,00	9,0	40,0	168,0	710
12,70	10,0	45,0	190,0	800

Nach Ser soll Bourdon durch seine Einrichtung in den Stand gesetzt worden sein, die Schwankungen eines unter dem Einfluſs seines Multiplikators stehenden Wasserspiegels zur Bewegung eines Schreibstiftes zu benutzen, welcher die Windgeschwindigkeiten registrierte.

Über den Einfluſs schräg auftreffenden Windes sind Bemerkungen nicht gemacht.

---

[1]) Ser, Traité de Physique Industrielle 1888, S. 356/57.

Messung des statischen Druckes.

Die Messung der Luftgeschwindigkeit ist also nach Vorstehendem mit verschiedenen Instrumenten möglich, besonders gut mit der Recknagelschen Stauscheibe und dem Krellschen Pneumometer, welche noch ausführlicher besprochen werden sollen.

Viel weniger leicht sind Vorrichtungen zu finden, welche die dynamischen Wirkungen des Luftstromes aufheben und nur den statischen Druck ergeben.

Das vielfach angewandte stumpf in der Kanalwand und senkrecht zu ihr mündende Druckmeſsrohr ist einwandfrei, wenn die Mündung klein, die Kanalwand vollkommen glatt ist und keine örtlichen zentrifugalen Luftpressungen das Ergebnis stören. Diese schwer zu erfüllenden Bedingungen und der Umstand, daſs man bei der Messung an die Wandung gebunden ist, lassen ein befriedigendes Gefühl bei dieser Art der Messung nicht aufkommen. Ganz zu verwerfen sind aber solche Messungen, wenn nicht auf bündigen Anschluſs des Meſsrohres an der Kanalwand gesehen wird, weil in diesem Fall ähnliche Verhältnisse, wie bei der freien Röhre (Fig. 5) auftreten können, so daſs unter Umständen Saugpressungen festgestellt werden können, wo in Wirklichkeit Überdrucke vorhanden sind.

Im Hinblick auf diese Erwägungen erscheint auch die Pécletsche Anordnung des Druckmeſsrohres (Fig. 1) nicht einwandfrei.

Auch hier war es Ser, welcher diesen Mangel zuerst empfunden zu haben scheint, denn er beschreibt mehrere Instrumente, welche die statische Druckmessung an beliebigen Stellen des Kanalquerschnittes ermöglichen sollen.

So versieht er z. B. das Ende des Meſsrohres mit einer flachen scharfkantigen Blechkrempe und muſs damit, wie wir später nachweisen werden, gute Werte erhalten haben, sobald die Ebene der Blechkrempe mit der Windrichtung parallel eingestellt war.

Auch Rietschel[1]) hat bei seinen Untersuchungen über den Widerstand von Filterstoffen zu den Druckmessungen die gleiche Einrichtung angewandt, scheinbar ohne von der Vorbenutzung durch S e r zu wissen.

Um nun die Empfindlichkeit dieses Meſswerkzeuges gegen unrichtige Einstellung zur Windrichtung festzustellen, machte ich den Versuch, einen freien Luftstrom ohne jeden statischen Druck in verschiedenen Richtungen auf die Scheibe, Fig. 14, treffen zu lassen, wobei sich die in Tabelle 6 zusammengestellten Werte ergaben.

Tabelle 6.

Dynamische Pressungen im Mittelpunkt einer kreisförmigen dünnen (0,3 mm) Scheibe bei konstanter Luftgeschwindigkeit in ihrer Abhängigkeit von der Neigung der Scheibenfläche gegen die Windrichtung. Lufttemperatur 17,5° C., Barometerstand 734 mm.

Winkel der Scheibenachse mit der Windrichtung °	Staudruck in mm W. S.	Winkel der Scheibenachse mit der Windrichtung °	Staudruck in mm W. S.
0	2,57	180	— 0,96
5	2,56	185	-- 0,97
15	2,42	205	— 1,15
25	2,15	225	— 1,48
45	1,37	240	— 1,92
65	0,60	245	— 2,50
80	0,22	250	— 1,98
90	± 0	255	-- 1,00
95	— 0,20	265	--- 0,20
105	— 1,00	270	± 0
110	— 2,00	280	0,22
115	-- 2,50	295	0,62
116	— 2,56	315	1,45
120	— 1,96	335	2,18
135	— 1,48	345	2,45
155	— 1,16	355	2,56
175	— 0,98	360	2,57

---

[1]) Gesundheits-Ingenieur, 1889. Nr. 24.

In Fig. 16 sind die Verhältnisse in der Weise durch eine Schaulinie veranschaulicht, daſs vom Mittelpunkt der Meſsrohrmündung aus als Nullpunkt die numerischen Tabellenwerte

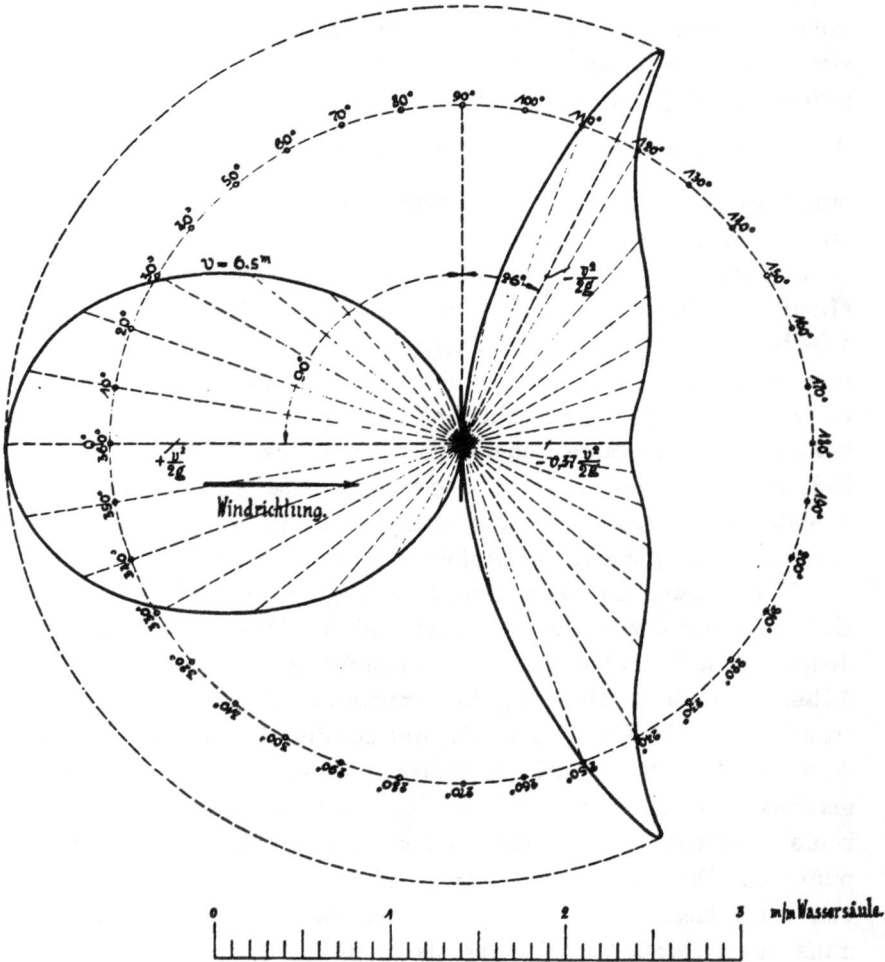

Fig. 16.

der Drucke auf den zugehörigen Windrichtungen aufgetragen sind. Für die Windrichtungen, welche die Scheibe bzw. Krempe von rückwärts treffen, haben daher die Drucke negatives Vorzeichen.

Der Kürze wegen soll fernerhin diese Art des Diagrammes das Nullpunktdiagramm genannt werden.

Als maximale Staupressung ergibt sich natürlich, wie bei der Recknagelschen Stauscheibe, auch hier die volle Geschwindigkeitshöhe bei senkrecht zur Fläche von vorne auftreffendem Luftstrom. Bei senkrecht von rückwärts kommendem Wind ergibt sich eine Saugpressung, welche genau $= 0,372$ der vorderen Staupressung nämlich $= \dfrac{0,96}{2,57}$ ist, wodurch eine erfreuliche Übereinstimmung mit den oben erwähnten Recknagelschen Versuchen $(0,37)$ festgestellt ist.

Zu den Versuchen wurde das bereits in Fig. 14 abgebildete Mundstück benutzt, welches sowohl als Recknagelsche Stauscheibe als auch wegen des ungemein dünnen $(0,3 \text{ mm})$ Blechrandes als Sersche Druckscheibe verwendet werden kann. Die in der Abbildung ersichtliche Abkröpfung des Mefsrohres wurde gewählt, um die reine Scheibenform möglichst wenig zu beeinflussen und dabei doch in bequemer Weise eine vollständige Drehung der Scheibe um das Mefsloch in ihrer Mitte bzw. um die Achse des geraden Mefsrohres zu ermöglichen.

Trägt man die Mefswerte in der gleichen Weise wie bei Untersuchung der einfachen Rohrmündung (Péclet) im Nullkreisdiagramm auf, indem man das Mefsrohr mit Krempe um den Mittelpunkt seiner Mündung im Luftstrom sich drehen läfst, so erhält man die Kurve Fig. 17, welche die Verwandtschaft mit derjenigen in Fig. 5 nicht verleugnen kann. Auch hier ist die maximale Unterpressung gleich der gröfsten Staupressung und beide numerisch gleich der Geschwindigkeitshöhe. Der Schnittpunkt der Druckkurve mit der Nullinie ist aber um volle 90^0 von der gröfsten Staupressung entfernt, was damit erklärt werden mufs, dafs durch die Krempe der Einflufs des Stauhügels auf die Rohrmündung gänzlich beseitigt wird, wogegen er bei der einfachen Rohrmündung (Fig. 5) in dieser Stellung fast seine maximale Wirkung (Saugwirkung) auf diese ausüben kann.

Bemerkenswert ist, dafs die besonderen Stellungen für die Nullpressung und den maximalen Unterdruck um den gleichen

Winkel von ca. 26° in den beiden Diagrammen (Fig. 17 und Fig. 5) voneinander entfernt sind, was darauf schliefsen läfst, dafs die Gesetzmäfsigkeit in der Staubügelbildung nicht nur von der Luftgeschwindigkeit, sondern auch von der Form der Mündung ziemlich unabhängig ist.

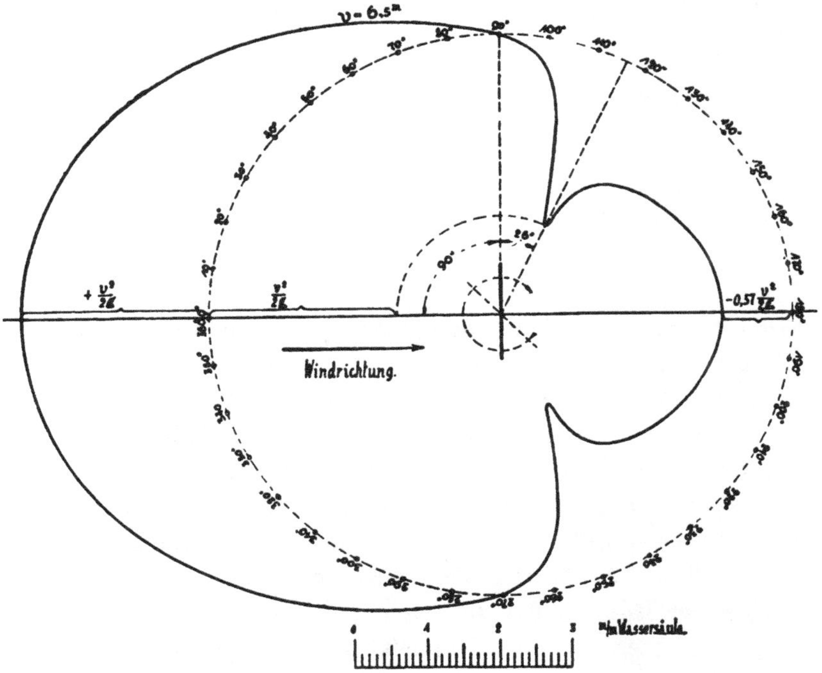

Fig. 17.

Das steile Ansteigen der Druckkurve auf der Leeseite bei verhältnismäfsig geringer Abweichung von der Windrichtung (Fig. 16) zeigt übrigens die Gefahr bei Verwendung dieses Mefswerkzeuges zu statischen Druckmessungen, sobald nur einigermafsen unregelmäfsige Luftströmungen vermutet werden müssen.

Dafs schon Ser sich dieses Nachteiles der Druckmefsscheibe bewufst war, beweist sein Versuch, sich von der genauen Einstellung in die Windrichtung durch das in Fig. 18 dargestellte Mefswerkzeug frei zu machen. Die Nachprüfung einer solchen Einrichtung wurde von mir als kaum lohnend unterlassen.

Jedoch kann auf Grund der Ergebnisse des Versuches Fig. 5
ohne weiteres behauptet werden, daſs z. B. bei einer Windrichtung senkrecht zum Querrohr ein der Sauggschwindigkeitshöhe
sehr nahe kommender Unterdruck sich ergeben muſs, so daſs
der Vorteil der Einrichtung, wenn ein solcher überhaupt vorhanden ist, sich nur in derjenigen Stellung des Meſswerkzeuges

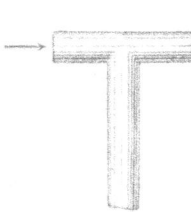

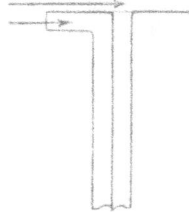

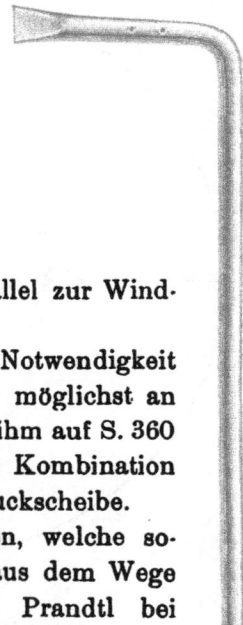

Fig. 18.   Fig. 19.   Fig. 20.

zeigen könnte, in welcher das Querrohr parallel zur Windrichtung wie in Fig. 18 steht.

Zum Beweise, daſs auch Ser von der Notwendigkeit
überzeugt war, Druck und Geschwindigkeit möglichst an
der gleichen Stelle zu messen, diene die von ihm auf S. 360
beschriebene und in Fig. 19 wiedergegebene Kombination
der Pécletschen Röhre mit der Serschen Druckscheibe.

Zu dieser Art von Druckmeſswerkzeugen, welche so-
zusagen der Bildung dynamischen Druckes aus dem Wege
zu gehen suchen, gehört auch das von Prandtl bei
seinen Untersuchungen von Entstaubungseinrichtungen verwendete Rohr, welches in Fig. 20 dargestellt ist. Die
Schneide am Rohrende ergab sich als die einfachste Art des
Verschlusses eineſ Rohrendes und tut dieselben Dienste wie eine
Spitze, welche man eigentlich erwartet.

Im glatten Teil des Rohres sind beiderseits einige kleine
Meſslöcher angebracht, welche den statischen Druck ins Innere
der Meſsröhre fortzupflanzen haben.

Mit der Schneide gegen den Luftstrom gehalten, ergibt dieses
Instrument ebenso gute Resultate wie das richtig eingestellte
Rohr mit der Krempe und kann, gewissenhaft gebraucht, wenig-
stens für den Beobachter selbst einwandfreie Ergebnisse liefern,

der ja allein zu beurteilen in der Lage ist, inwieweit er bei der
Messung die nötige Vorsicht hat walten lassen.

Der Gedanke liegt nun nahe, die Richtkraft des Windes
selbst dazu zu benutzen, um eine richtige Einstellung der Meſslöcher selbsttätig zu erreichen. Das Ergebnis dieser Überlegung
ist in der in Fig. 21 zur Darstellung gebrachten Konstruktion
der ›Druckfahne‹ zum Ausdruck gekommen.

Auf beiden Seiten der hohl ausgebildeten Fahne sind kleine
Meſslöcher angebracht, welche mit der hohlen Drehachse in
Verbindung stehen; von dieser aus geschieht die Weiterleitung
des Druckes durch ein sehr nachgiebiges Gummiröhrchen zu
dem gleich als Meſsrohr ausgebildeten Fahnenstock. Der gegen
die Windrichtung gekehrte Stab dient nur dem Zwecke der Aus-
balanzierung, um in allen Lagen eine Messung möglich zu machen.
Die Angaben der Druckfahne waren, wie aus der Tabelle 7 her-

Tabelle 7.
Tabelle über die Versuche mit der Druckfahne.

Geschwindigkeit der Luft in m/Sek.	Geschwindigkeits-höhe in mm Wassersäule $\frac{v^2}{2\,g} \cdot \gamma$	Druck an der Fahne gemessen p in mm Wassersäule	Gemessener Unterdruck p in % von $\frac{v^2}{2\,g} \cdot \gamma$
10,8	7,70	— 0,22	— 2,86
15,6	16,05	— 0,49	— 3,05
18,1	21,65	— 0,62	— 2,86
20,15	26,8	— 0,75	— 2,80
21,3	30,0	— 0,88	—2,93
23,4	36,1	— 1,08	— 2,99
25,8	43,8	— 1,26	—2,88

vorgeht, bis auf 2,91 % der entsprechenden Geschwindigkeitshöhen genau, so daſs damit eine praktische Verwendbarkeit dieser
Einrichtung gegeben sein dürfte, besonders wenn man berücksichtigt, daſs dieser Prozentsatz für alle Geschwindigkeiten ziemlich genau gleich nach Gröſse und Vorzeichen ist und daher
höchstwahrscheinlich nur von einer immer noch vorhandenen,
wenn auch ganz geringen Spiralbewegung des austretenden Luftstromes herrührt. Diese Annahme scheint berechtigt, weil der

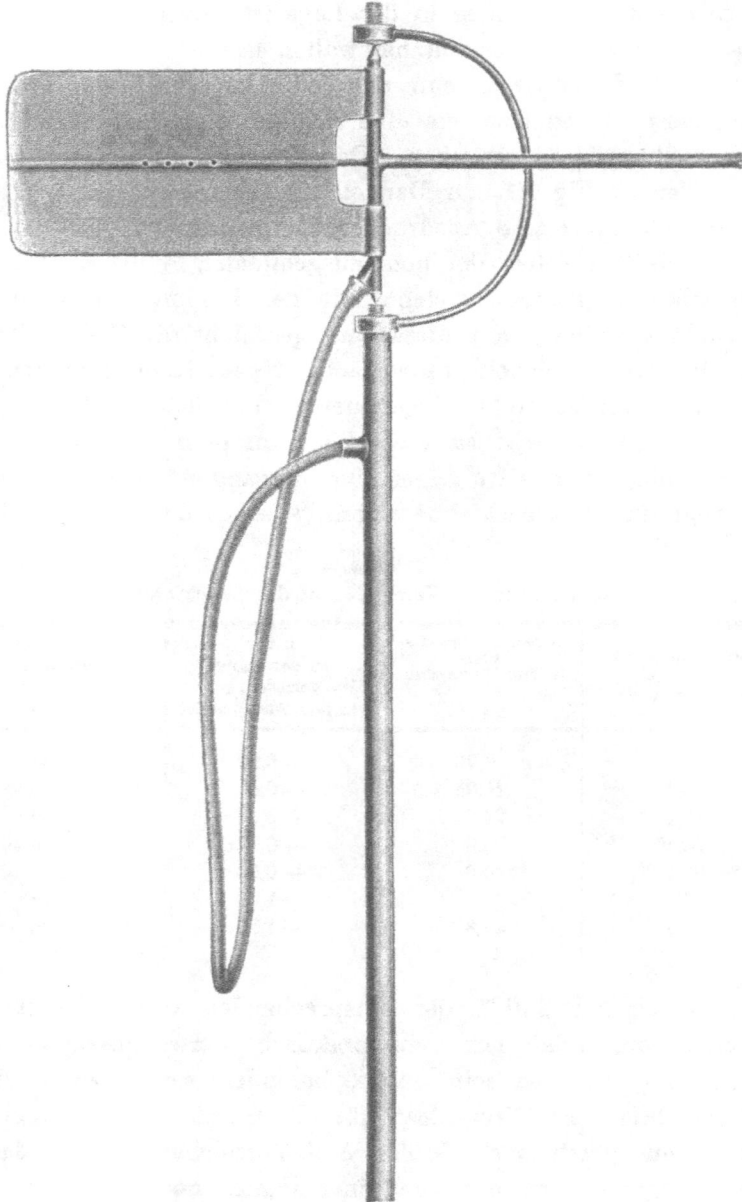

Fig. 21.

Fehler erstens stets negativ ist und somit auf die durch die Zentrifugalwirkung erzeugte Unterpressung im Strahlmittel hinweist, zweitens aber proportional der Geschwindigkeitshöhe ist, was auch am einfachsten durch Spiralbewegung der Luft erklärt werden kann. Ich stehe deshalb nicht an, die Angaben dieses Instrumentes für ganz zutreffend zu halten, und glaube, daſs der Nachweis der vollkommenen Unabhängigkeit von dynamischen Einflüssen in einem ideal gleichmäſsigen Luftstrom von der statischen Pressung $\pm$ 0 würde erbracht werden können. Ein solcher Luftstrom scheint aber ungemein schwer hergestellt werden zu können. Die Lagerung mittels Spitzen in dem federnden Bügel gestattet ein sehr rasches Herausnehmen und Wiedereinsetzen der Fahne, und liegen somit auch keine Schwierigkeiten für den Transport in einem flachen Etuis vor.

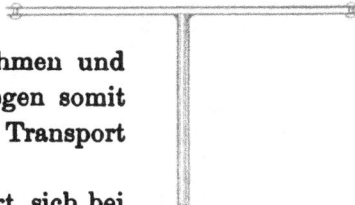

Fig. 22.

Auſser der hier besprochenen Art, sich bei den Messungen von der dynamischen Druckhöhe freizumachen, wurde auch der Weg eingeschlagen, den statischen Druck an einem Punkte in einer Luftleitung dadurch zu isolieren, daſs man den dynamischen Druck durch möglichst viele Hindernisse, welche die bewegte Luft in ihrem Weg immer wieder ablenken, zu vernichten sucht, während von dem statischen Druck solche Hindernisse natürlich überwunden werden. Bevor jedoch diese Instrumente besprochen werden, möge eine Einrichtung erwähnt sein, die von Abbé herrührt.[1] Sie bildet gewissermaſsen eine Übergangsstufe zwischen der ersten und der zuletzt gekennzeichneten Methode.

Zwei groſse dünne kreisförmige Stahlblätter werden in überall gleichem, verhältnismäſsig geringem Abstand miteinander verbunden, das Meſsrohr mit seiner Öffnung wird in der Mitte der einen Scheibe durch diese hindurchgeführt, so daſs es genau mit der inneren Oberfläche dieses Stahlblattes glatt abschneidet. Damit werden jedenfalls bei den in Fig. 22 angegebenen Ver-

---

[1] Report of the Chief Signal Officer 1887, 2, 144.

hältnissen alle anderen Strömungen als die zu den Stahlscheiben parallelen in der Umgebung der Mefsöffnung vermieden. Abbé behauptet nun nachgewiesen zu haben, dafs sein Instrument in jeder beliebigen Lage zum Luftstrom gehalten, nur die statischen Pressungsverhältnisse wiedergibt. Die Reibungs- und Wirbelungswiderstände zwischen den nahe zusammengebrachten Platten mögen den dynamischen Druck allerdings vernichten, es ist aber nicht denkbar, dafs z. B. bei senkrecht auf die Scheiben auftreffendem Luftstrom die über die Scheibenränder abfliefsende Luft die statischen Druckverhältnisse zwischen den Scheiben unberührt läfst. Der Einflufs mag vielleicht gering sein, sodafs er nur mit empfindlichen Manometern festzustellen wäre, aber

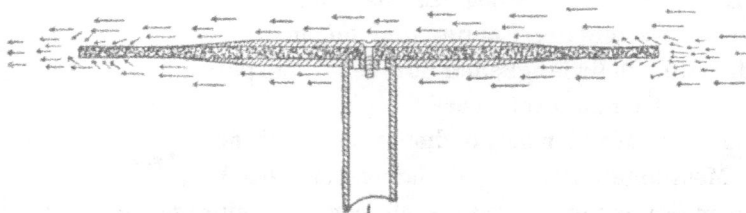

Fig. 23.

nach den Mefsergebnissen an der glatten Rohrmündung (Fig. 5) mufs ein solcher Einflufs vermutet werden. Leider war es mir bis jetzt unmöglich mit dem Abbéschen »Kollektor« wie dieses Instrument an der angeführten Stelle genannt wird, Kontrollversuche anzustellen.

Von ganz ähnlichen Überlegungen liefs sich offenbar Francis E. Nipher leiten, als er seinen in Fig. 23 dargestellten »Kollektor« konstruierte, welchen er in seiner Abhandlung über Windpressung beschreibt.[1]) Er legt zwischen zwei plankonvexe runde Platten mehrere Lagen Drahtgewebe und läfst die Gewebelagen $1/2$ Zoll über die Plattenränder vorstehen. Die in der Abbildung eingezeichneten Pfeile sind seiner Darstellung entnommen und geben ein Bild von der Vorstellung, welche ihn bei dieser Kon-

---

[1]) Francis E. Nipher, a method of measuring the pressure at any point an a Structure, due to wind blowing against that structure. Transactions of the Academy of Sciens of St. Louis 1898.

struktion geleitet haben mag. Er nimmt an, daſs der Luftstrom beim Auftreffen auf den Rand der Gewebescheiben im Gewirr der Maschen die kinetische Energie verliert, bevor er bis zu den Scheibenrändern vorgedrungen ist, so daſs eine dynamische Wirkung auf den Zwischenraum und somit auf das Meſsergebnis nicht ausgeübt werden kann. In gleicher Weise soll die Saug-

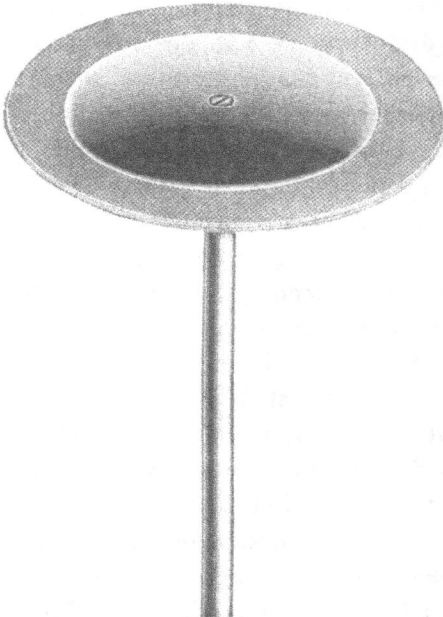 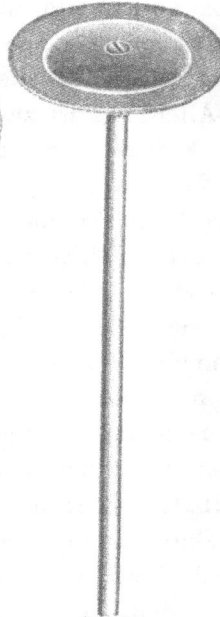 

Fig. 24.   Fig. 25.   Fig. 26.

pressung auf der dem Wind abgekehrten Seite von den Scheibenrändern ferngehalten werden.

Zur Untersuchung dieser Einrichtung wurde auſser einem ganz genau nach den Angaben Niphers hergestellten »Kollektor«, Fig. 24, welcher in seinen Abmessungen etwas unbequem für Messungen in Kanälen ist, aus diesem Grunde noch ein kleinerer mit den Maſsen nach Fig. 25 angefertigt. Weil ferner das vorstehende Gewebe leicht verletzt werden kann und dann sehr mangelhafte Meſswerte entstehen, wurde ein weiterer Kollektor nach Fig. 26 zu den Versuchen herangezogen, bei welchem die

Scheiben sternförmig mit schmalen Strahlen versehen sind, zwischen denen die Drahtgazelagen gefaſst und vor gröberen Beschädigungen geschützt werden.

Alle Kollektoren wurden in drei Stellungen zur Windrichtung erpropt, senkrecht mit der Scheibenfläche gegen den Luftstrom, unter 45° dagegen geneigt und mit der Gewebekante gegen ihn gerichtet.

Aus den Werten dieser Zusammenstellung, Tabelle 8, ergibt sich für alle drei Arten eine in der Tat ganz brauchbare 'Annäherung an das angestrebte Ideal.

Allerdings ist zu berücksichtigen, daſs die Kollektoren äuſserst sorgfältig behandelt worden sind, nachdem festgestellt werden konnte, daſs verhältnismäſsig geringfügige Formänderungen am Geweberand recht erhebliche Fehler in der Messung erzeugen können.

Neben tadellosen Ergebnissen (Reihe 9) erhielt man am gleichen Tage und unter scheinbar unveränderten Verhältnissen doch sehr merkliche Abweichungen und noch dazu in entgegengesetztem Sinn (Reihe 3 und 4, 5 und 6) ohne eine andere Erklärung dafür finden zu können, als daſs der Geweberand eine kaum merkbare Formänderung erlitten hatte.

Diese Empfindlichkeit der Kollektoren muſs bezüglich ihrer praktischen Verwendbarkeit Bedenken hervorrufen, auſserdem ist die Scheibenform an sich höchst ungeeignet für verschiedene Windrichtungen gleichmäſsige Verhältnisse im Luftstrom zu erzeugen, und endlich werden die starken Ablenkungen, welche der Luftstrom durch die verhältnismäſsig groſsen Scheiben erhält, in Luftleitungen von gewöhnlichen Abmessungen eine Rückwirkung auf die statischen Pressungen in der Umgebung der Scheibe hervorrufen können, wodurch das Meſsergebnis getrübt wird.

Fig. 27.

Das Bestreben, diese Nachteile zu vermeiden, ohne den Grundgedanken des Nipherschen Kollektors — die Vernichtung des dynamischen Druckes — aufzugeben, führte zu der in Fig. 27 gezeichneten Konstruktion. In eine etwa 2,5 cm im Durchmesser

Tabelle 8.

Angaben der verschiedenen Nipherkollektoren in m/m W.-S. bei verschiedenen Luftgeschwindigkeiten in einem Luftstrom von der stat. Pressung ± 0,00.

Luftgeschwindigkeit in m/Sek.	Zugehörige Geschwindigkeitshöhe in m/m Wassersäule	Großer Nipherkollektor				Kleiner Nipherkollektor				Nipherkollektor mit Sternscheiben		
		Kollektorfläche 90° zum Luftstrom	Kollektorfläche 45° zum Luftstrom	Kollektorfläche parallel zum Luftstrom	Kollektorfläche parallel zum Luftstrom	Kollektorfläche 90° zum Luftstrom	Kollektorfläche 90° zum Luftstrom	Kollektorfläche 45° zum Luftstrom	Kollektorfläche parallel zum Luftstrom	Kollektorfläche 90° zum Luftstrom	Kollektorfläche 45° zum Luftstrom	Kollektorfläche parallel zum Luftstrom
5,5	1,993	+ 0,50	± 0,00	— 0,10	— 0,10	+ 0,15	+ 0,20	— 0,07	— 0,20	± 0,00	— 0,08	± 0,00
6,75	3,003	+ 0,65	+ 0,05	— 0,15	— 0,08	+ 0,23	+ 0,35	— 0,10	— 0,30	± 0,00	— 0,12	± 0,00
8,0	4,218	+ 0,80	+ 0,10	— 0,20	— 0,05	+ 0,28	+ 0,50	— 0,15	— 0,38	± 0,00	— 0,18	— 0,05
9,5	5,948	+ 0,90	+ 0,12	— 0,25	+ 0,05	+ 0,25	+ 0,65	— 0,18	— 0,50	± 0,00	— 0,25	— 0,10
11,0	7,974	+ 0,98	+ 0,10	— 0,25	+ 0,15	+ 0,21	+ 0,87	— 0,22	— 0,58	± 0,00	— 0,28	— 0,15
12,5	10,297	+ 0,78	+ 0,10	— 0,25	+ 0,25	+ 0,03	+ 1,10	— 0,22	— 0,63	+ 0,00	— 0,37	— 0,18
13,5	12,011	+ 0,55	+ 0,10	— 0,35	+ 0,42	— 0,17	+ 1,30	— 0,25	— 0,68	— 0,04	— 0,47	— 0,20
15,0	14,828	+ 0,35	+ 0,00	— 0,37	+ 0,60	— 0,47	+ 1,65	— 0,25	— 0,68	+ 0,00	— 0,51	— 0,25
16,5	17,942	± 0,00	— 0,12	— 0,45	+ 0,70	— 0,87	+ 1,95	— 0,25	— 0,70	— 0,15	— 0,65	— 0,35
18,0	21,352	— 0,25	— 0,25	— 0,50	+ 0,75	— 1,17	+ 2,20	— 0,25	— 0,70	— 0,20	— 0,75	— 0,40
Reihe		1	2	3	4	5	6	7	8	9	10	11

messende Hohlkugel aus gelochtem dünnen Messingblech oder
Drahtgewebe wird das Meſsrohr soweit eingeführt, daſs die Mündung sich im Mittelpunkt befindet; der Hohlraum der Kugel
wird mit dichtem Wust aus feiner Lametta (flachgewalzter dünner
Kupferdraht mit dünnem Silber- oder Messingüberzug) oder mit
feinem Schrot ausgefüllt. Dieses Meſswerkzeug hat vor allem

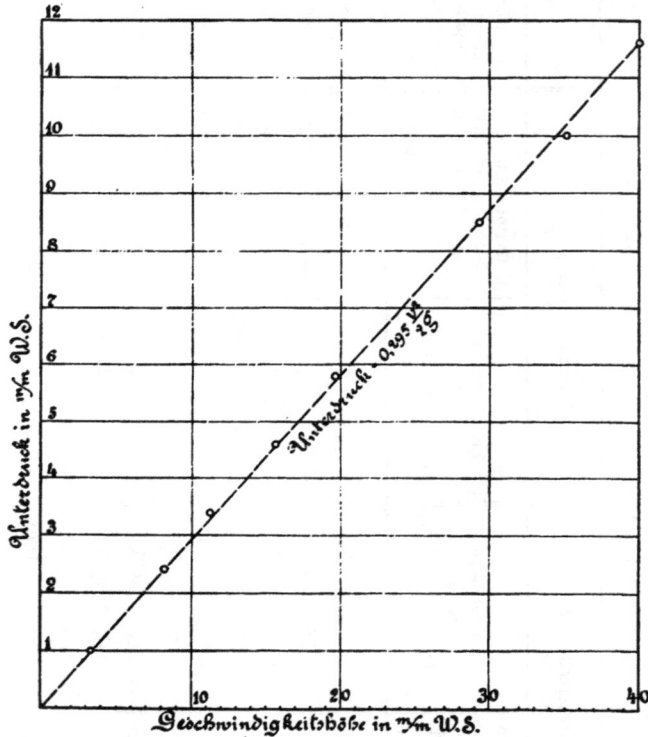

Fig. 28.

den Vorzug, daſs es infolge seiner Kugelform keine bevorzugten
Oberflächenteile hat, so daſs es ganz gleichgültig für die Bildung
des Staukegels ist, in welcher Richtung der Luftstrom auf die
Kugel trifft.

Die Meſswerte für verschiedene Geschwindigkeiten sind in
dem Diagramm, Fig. 28, zusammengestellt. Die Geschwindigkeitshöhen sind als Abszissen aufgetragen, die dazugehörigen Meſs-

werte der Kugel als Ordinaten. Diese Meſswerte schwanken nicht
wie bei den Kollektoren um den Nullwert, sondern sind ausgespro-

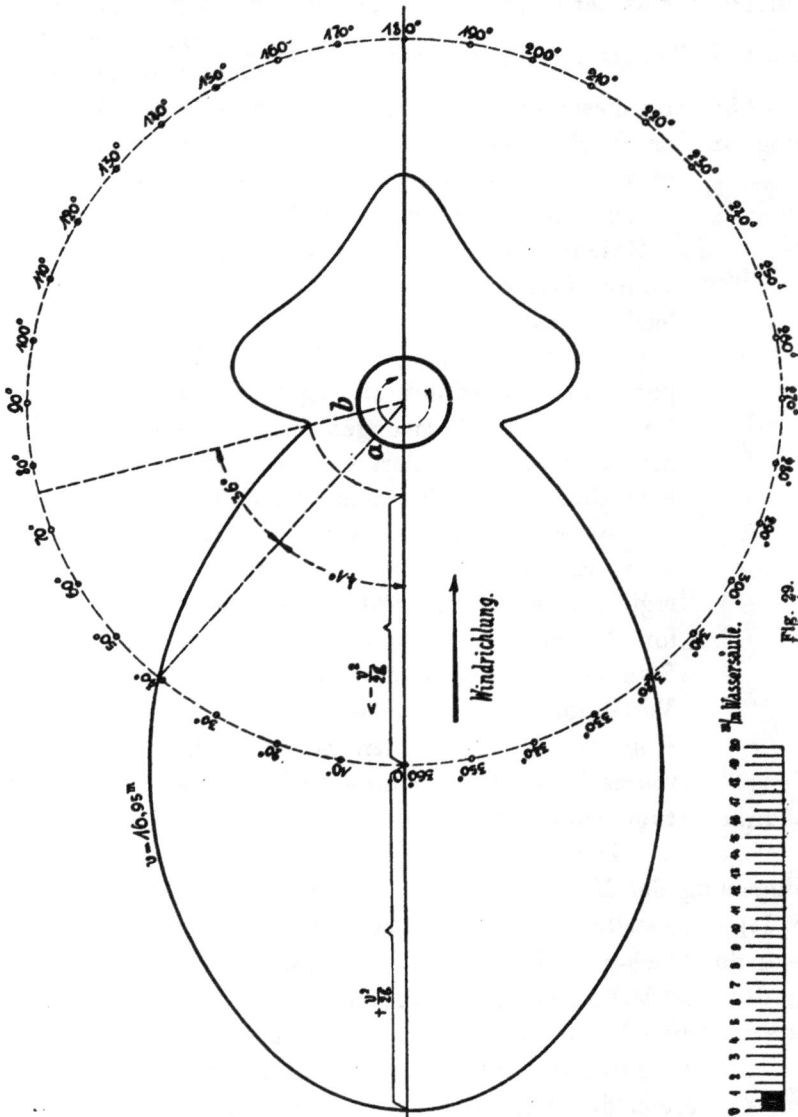

Fig. 29.

chene Saugpressungen, welche mit zunehmender Luftgeschwindigkeit gröſser werden.

Dadurch könnte die Einrichtung für statische Druckmessungen wertlos erscheinen. Aus dem Diagramm ist jedoch ohne weiteres ersichtlich, dafs der gemessene Unterdruck direkt proportional der Geschwindigkeitshöhe ist, und zwar im Mittel $\dfrac{\text{Kugelmefswert}}{\text{Geschwindigkeitshöhe}}$ = 29,5% von dieser beträgt. Da nun doch bei jeder Druckmessung an der gleichen Stelle des Luftstromes auch eine Geschwindigkeitsmessung vorgenommen werden mufs, so läfst sich durch Addieren eines Betrages von 29,5% der Geschwindigkeitshöhe zu der Angabe der Kugel der wahre Wert des statischen Druckes an der Mefsstelle leicht ermitteln.

Der festgestellte, zur Geschwindigkeitshöhe proportionale Unterdruck als Ergebnis aller auf die Kugelform wirkenden Pressungen kann mit den Stauverhältnissen an dieser erklärt werden. Wenn man nämlich eine ähnliche Druckverteilung bei der Kugel annimmt, wie sie sich in dem Diagramm, Fig. 5, für die nach allen Richtungen gewendete einfache Rohrmündung ergibt, so würde ein gröfserer Teil der Kugeloberfläche im Bereiche der Saugpressung liegen, als von der Stauüberpressung getroffen wird. Diese ungleichmäfsige Verteilung der Oberflächenpressung mufs sich bis zum Kugelmittelpunkt, in dem sich die Öffnung des Mefsrohres befindet fortpflanzen und dort als Unterpressung zum Ausdruck kommen.

Fig. 30.

Zur Aufklärung der Pressungsverhältnisse in der Umgebung der Kugel wurde der im Nullkreisdiagramm, Fig. 29, (S. 41) dargestellte Versuch gemacht, indem an Stelle der siebartig durchlöcherten Kugel eine solche mit nur einer Mefsöffnung an der Oberfläche, Fig. 30, verwendet und diese Öffnung in die verschiedenen Lagen zum Luftstrom gebracht wurde.

Der Punkt für die ± 0-Pressung liegt demnach bei einem Winkel von 41·0 gegen die Windrichtung. Es entsteht auch hier die volle Geschwindigkeitshöhe unter dem Winkel 0°. Die Verhältnisse auf der Unterdruckseite sind bei der Kugel etwas mehr verwischt, und es kommt vor allem nicht zur Ausbildung der vollen Geschwindigkeitshöhe im Punkte der maximalen Saugpressung. Ferner beträgt hier auch der Winkel zwischen der Nullrichtung und derjenigen

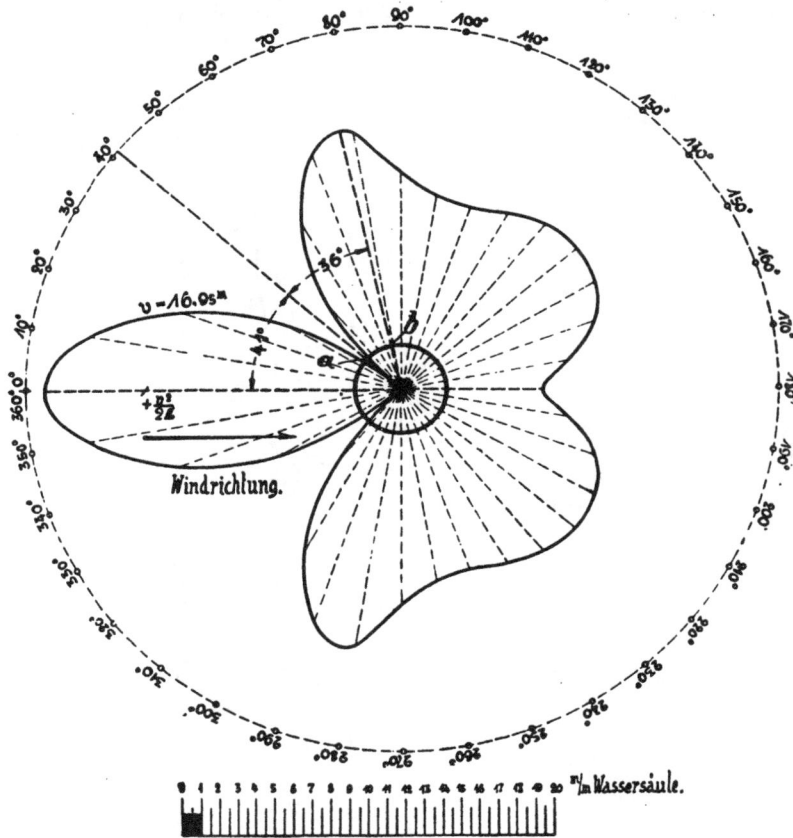

Fig. 31.

für maximale Unterpressung nicht 26°, wie bei der Serschen Scheibe und bei der Pécletschen Röhre, sondern 34°. Dagegen überragt die Saugpressung auf der dem Luftstrom abgekehrten Seite den Wert 0,37 h bei der Stauscheibe um ein Geringes. Alle diese Erscheinungen sind darauf zurückzuführen, daß die den Kugelkörper umfließenden Luftfäden an der runden Form eine gute Führung erhalten und die Saugwirbel nicht so vollständig zur Ausbildung kommen können wie beim Vorbeiströmen an scharfen Kanten.

Das in Fig. 31 dargestellte Nullpunktdiagramm der Staukugel zeigt auch sehr deutlich die gröfsere Gleichmäfsigkeit der
Unterdruckwerte. Die Unterdruckkurve stellt sich hier als eine
geradezu ästhetisch schöne Schmetterlingsform dar, bei welcher

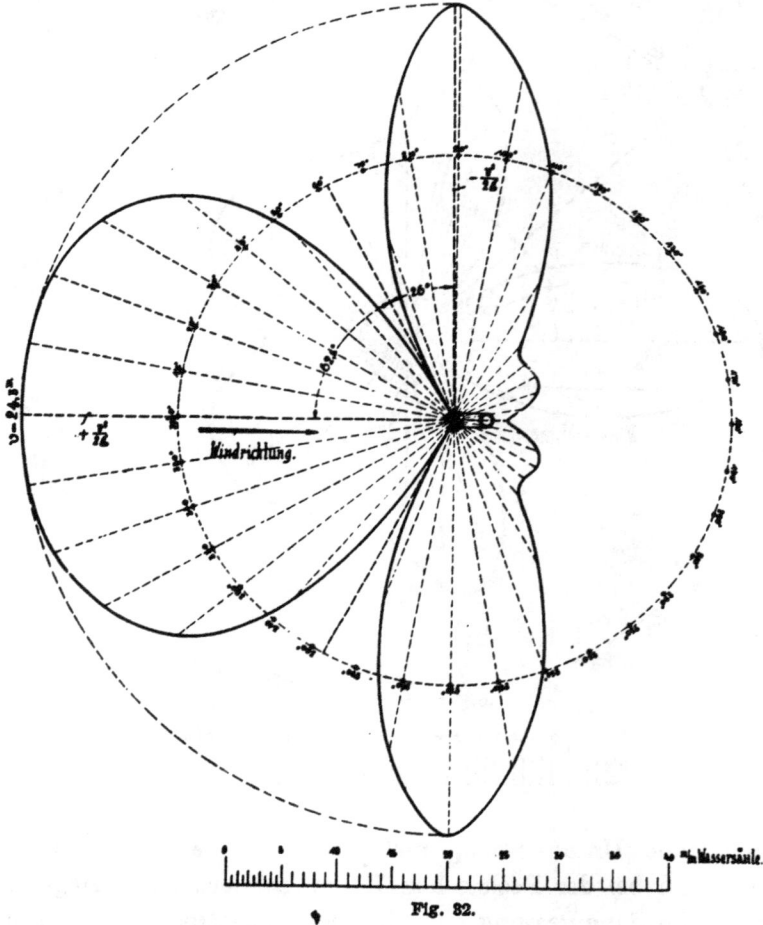

Fig. 32.

die gleiche Wellenfolge zu erkennen ist wie bei der Saugkurve
der Serschen Scheibe, Fig. 16.

Um auch den Vergleich mit der einfachen Mündung der
Pécletschen Röhre zu geben, trage ich in Fig. 32 das zu Fig. 5
gehörige Nullpunktdiagramm nach, welches die gleiche charak-

teristische Wellenfolge bei der Saugkurve zeigt, wie die übrigen Nullpunktdiagramme.

Der Kürze halber sei wieder die dem Wind abgekehrte Seite des stauenden Körpers, also bei der Kugel von 41° über 180° bis 319° als Leeseite bezeichnet.

Betrachtet man die Verhältnisse des Stauschattens auf der Leeseite, und zwar im besonderen den Luftfaden, welcher in der ± 0 Zone (41°) die Kugel im Punkt *a* (Fig. 31) berührt, so kann man sich vorstellen, dafs dieser Luftfaden infolge seiner lebendigen Kraft, möglichst in der Richtung der Tangente bleibend, so lange fortschiefst, bis sich der gröfste Teil seiner kinetischen Energie in Saugpressung umgesetzt hat. Dies ist nach dem Diagramm Fig. 31 bei 78° der Fall, also etwa im Punkte *b*. Von hier ab wird seine Bahn unter dem Einflufs des Saugraumes und der noch übriggebliebenen lebendigen Kraft etwa auf *c* zu gerichtet sein. Die Saugpressung wird dabei eine Zeit lang beschleunigend wirken, und dieser Zuwachs an lebendiger Energie erzeugt den zweiten Wellenkamm der Unterpressung bei ca. 140°, von da ab unterliegt die Energie des Fadens allmählich vollkommen der Saugpressung durch gänzliches Aufgehen in Wirbel, wie dies durch das Saugdruckminimum bei 180° zum Ausdruck kommt.

Der vorstehende Versuch, die Charakteristik der Unterdruckkurve mit einer gewissen Vorstellung in Einklang zu bringen, mag Anhänger und Gegner finden, den Wert der punktweisen Untersuchung der Pressungen an einem stauenden Körper für die Klärung der Stauverhältnisse wird man nicht in Abrede stellen können.

Es lohnt nach dieser Abschweifung wieder zu den Verhältnissen an der Mefskugel zurückzukehren und diese näher zu beleuchten. Die Angaben der Mefskugel sind, wie bemerkt, von der an dem Mefsorte herrschenden Windgeschwindigkeit abhängig, und zwar erniedrigt diese die Angabe des Instrumentes von der gewählten Ausführung um 29,5 % der Geschwindigkeitshöhe. Wo die mittlere Geschwindigkeit im Kanal einigermafsen bekannt ist, hat die Kugel wegen ihrer Unabhängigkeit von der Wind-

richtung den Vorteil bequemer Handhabung, indem man unbe-
kümmert um die Lage des Instrumentes den zu untersuchenden
Querschnitt gewissermafsen punktweise abtasten, »sondieren«, kann.
Wegen dieser Eigenschaft möchte ich auch für das Werkzeug den
Namen »Drucksonde« vorschlagen.

Was nun die besondere Eigenschaft der Drucksonde anlangt,
eine um 29,5% der am Mefspunkt herrschenden Geschwindigkeitshöhe niedrigere Pressung anzuzeigen, so sieht man, dafs das
Nullkreisdiagramm der Kugel, Fig. 31, über diese Erscheinung
Aufklärung gibt.

Man könnte z. B. annehmen, dafs im Mittelpunkt der Kugel
sich die verschiedenen auf der Oberfläche herrschenden Druck-
wirkungen zu einem mittleren Druck zusammensetzen, welcher
mittels des bis in den Kugelmittelpunkt reichenden Mefsrohres
gemessen wird. Zur Berechnung des mittleren Druckes kann
man sich die ganze Kugeloberfläche in kleine Flächenelemente
von z. B. je 1 qmm eingeteilt denken. Errichtet man auf jedem
Flächenelement mit der dort herrschenden Druckhöhe ein Prisma,
bildet die algebraische Summe aller dieser Prismen und dividiert
durch die Gesamtoberfläche, so mufs die sich ergebende Zahl
die mittlere Druckhöhe sein. Diese Berechnung wurde auch
wirklich ausgeführt, und zwar so, dafs zunächst die Kugeloberfläche senkrecht zur Windrichtung in Kugelzonen gleicher Bogen-
länge geteilt wurde. Durch Multiplikation dieser Zonenflächen
mit dem mittleren Druck der Zone und algebraische Summierung
aller dieser Ergebnisse erhält man den Gesamtwert, welcher durch
die Kugelfläche zu dividieren ist, damit sich der mittlere Druck
ergibt.

Graphisch läfst sich diese Aufgabe am besten lösen wie in
Fig. 33 dargestellt.

Bekanntlich verhalten sich die Flächeninhalte von Kugelzonen wie deren Höhen. Projiziert man also die Zonenbögen
alle auf den Kugeldurchmesser, so sind diese Projektionen proportional den Zonenflächen, und der so geteilte Kugeldurchmesser
kann unmittelbar als Basis benutzt werden, auf welcher die zu
den Zonen gehörigen mittleren Druckhöhen aufgetragen werden

können. Die Planimetrierung der Fläche und Division durch die Basis ergibt 8,6 mm, d. h. also 45% von dem Maximalwert 19,1 mm, welcher die Geschwindigkeitshöhe repräsentiert.

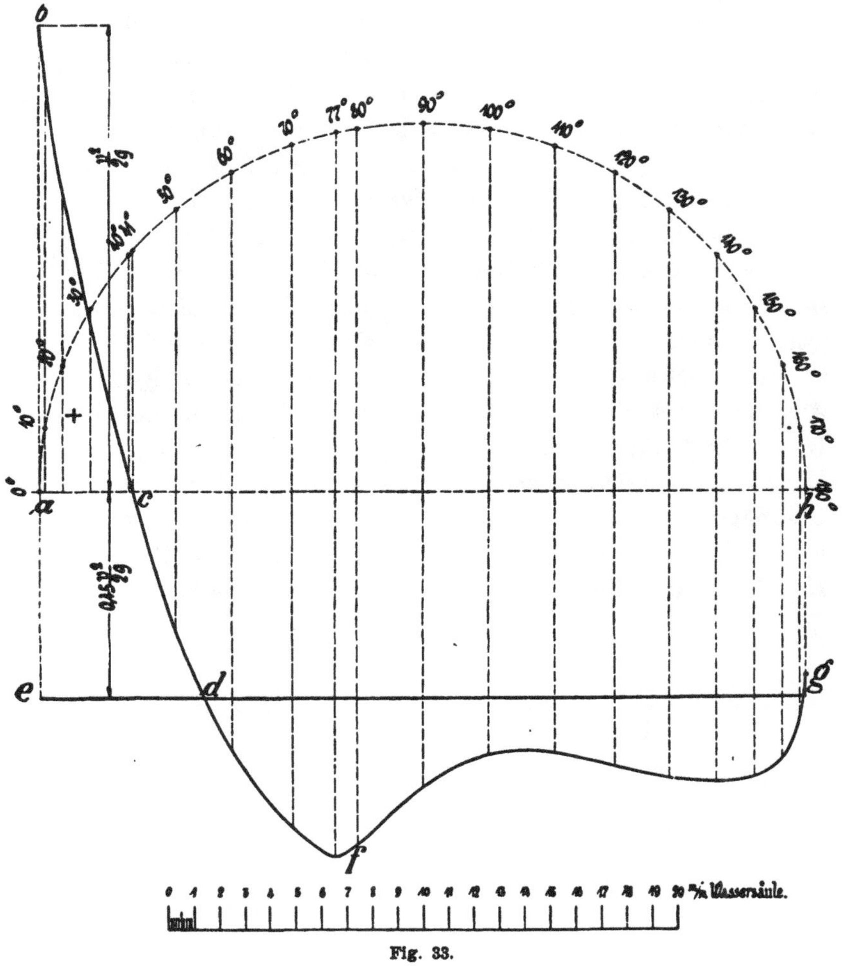

Fig. 33.

Es stimmt also unsere oben gemachte Annahme, daß der mit der Drucksonde gemessene Unterdruck den Mittelwert aller auf die Kugeloberfläche wirkenden Pressungen darstelle, mit den praktisch gemessenen Werten nicht besonders gut überein.

4*

Der Grund ist darin zu suchen, daſs in der Kugel trotz
der dem Luftstrom bereiteten künstlichen Hindernisse nicht
nur statische Einflüsse in Betracht kommen. Man wird sich
vielmehr vorzustellen haben, daſs innerhalb der Kugel von den
Stellen des Überdruckes zu denen des Unterdruckes Luftströmungen stattfinden, welche die Druckverhältnisse an der bis in
die Kugelmitte geführten Meſsrohröffnung beeinflussen.

Der Mangel an Übereinstimmung zwischen den Versuchs-
ergebnissen und dem Resultat der theoretischen Überlegung beweist aber höchstens, daſs die gemachten und der Rechnung zugrunde gelegten Verhältnisse nicht zutreffen, beeinträchtigt jedoch
in keiner Weise den Wert der Drucksonde als Meſsinstrument,
welcher in der Proportionalität des Koeffizienten des Instruments
zu der Geschwindigkeitshöhe und in der Unabhängigkeit seiner
Angaben von der Lage der Meſskugel im Luftstrom besteht.
Dieser Wert dürfte selbst dann noch bestehen bleiben, wenn der
Koeffizient je nach Ausführung der Meſskugel mit verschiedener
Oberfläche oder verschiedener Füllung verschieden wird, d. h.
wenn jedes Instrument erst auf die individuelle Gröſse seines
Koeffizienten untersucht, also geaicht werden müſste.

Recknagelsche Stauscheibe und Krellsches Pneumometer.

Nachdem im vorstehenden eine gewissermafsen geschichtliche Darstellung der vorgenommenen Versuche gegeben wurde, indem die untersuchten Mefswerkzeuge in der Reihenfolge besprochen worden sind, wie ich schrittweise zu deren Erprobung gedrängt wurde, so bin ich noch Aufklärung darüber schuldig, warum das Krellsche Pneumometer und die Recknagelsche Stauscheibe als die zuverlässigten Mefswerkzeuge für Windgeschwindigkeit bei allen Vergleichen zugrunde gelegt wurden. Dies führt zu einer eingehenderen Besprechung der Grundlagen für diese beiden Mefswerkzeuge.

Recknagel hat mit seinen Versuchen über Luftwiderstand[1]) die vor ihm überall als selbstverständlich hingestellte und geglaubte Annahme, dafs auf eine einem Luftstrom direkt entgegengekehrte Öffnung der Druck der Geschwindigkeitshöhe wirke $(p = \dfrac{v^2}{2g} \gamma)$ in gründlichster Weise beleuchtet und zum mindesten rechnerisch und experimentell einwandfrei nachgewiesen, dafs der gemessene Druck dem der Geschwindigkeitshöhe um nicht mehr als 10% und die aus diesem Druck berechnete Geschwindigkeit um nicht mehr als 3,15% der wahren Geschwindigkeit nachstehen. Diese beobachtete Differenz schreibt Recknagel dem »Mitwind« zu, womit er die Geschwindigkeit der von der bewegten Stauscheibe mitgerissenen Luft bezeichnet. Die Versuchseinrichtung Recknagels bestand nämlich in einem als Arm aus-

---

[1]) Über Luftwiderstand von G. Recknagel, Wiedemanns Annalen der Physik und Chemie, Bd. X, S. 677 (1880).

gebildeten Rohr, an dessen Ende eine hohle Stauscheibe mit einer
Öffnung in ihrer Mitte verbunden war. Dieser Arm wurde in
Drehung versetzt, so dafs die Fläche der Stauscheibe senkrecht
zu dem von ihr beschriebenen kreisförmigen Weg stand. Das
mit der Öffnung in der Scheibenmitte in Verbindung stehende
Mefsrohr mündete in eine pneumatische Glocke, die in der
Drehachse angeordnet war und so die Entnahme der in ihr
herrschenden Pressung gestattete. Die wirkliche Geschwindigkeit
der Stauscheibe wurde aus der Tourenzahl des Armes berechnet
und damit die erhaltenen Mefswerte verglichen, natürlich unter
Berücksichtigung der Zentrifugalwirkung der Luft in der Mefsröhre. Der Einflufs des obenerwähnten Mitwindes wird auch
bei der Aichung der Flügelanemometer, welche in der gleichen
Weise geschieht, wie Recknagel seine Versuche mit der Stauscheibe vorgenommen hat, so genau wie möglich in Rechnung
gezogen.

Man mag nun von der Genauigkeit der Mitwindbestimmung
Recknagels denken, wie man will, man wird immer zugeben
müssen, dafs die von ihm gemessenen Abweichungen des Druckes
von der Geschwindigkeitshöhe durch den Mitwind erklärt werden
können und die Annahme berechtigt ist, dafs man bei Messungen
in einem sich gegen die r u h e n d e Stauscheibe bewegenden Luftstrom, in welchem Falle der Mitwind natürlich nicht auftritt, so
nahe der wirklichen Geschwindigkeitshöhe kommt, dafs jede
andere Annahme sicher einen gröberen Fehler ergeben würde, als
wenn man den gemessenen Druck direkt als Geschwindigkeits
höhe hinnimmt.

Die Literatur über die Verhältnisse, wie sie bei der Stauscheibe eintreten, ist recht spärlich und beschränkt sich eigentlich auf die Versuche mit der Pécletschen Röhre und bei Wasser
auf die Pitotsche Röhre. Die Angaben für den bei letzterem
Instrument zu benutzenden Koeffizienten gehen auch beträchtlich
auseinander. So gibt Weisbach als Koeffizienten 0,8 an, während
in der neuesten Ausgabe der ›Hütte‹ direkt die Geschwindigkeitshöhe als Mefsergebnis der Pitotschen Röhre genannt wird.
Eine desto reichere Behandlung hat die Frage des Gesamtdruckes

von bewegtem Wasser und Luft auf entgegenstehende Flächen erfahren.

Bei der vollkommenen Übereinstimmung der Verhältnisse für Wasser und Luft, so lange es sich bei letzterer um geringe Pressungen handelt, bei denen der Einfluß ihrer Elastizität nicht zur Geltung kommt, sei es gestattet, diese Gebiete hier gemeinsam zu besprechen.

Es muß von vorneherein streng unterschieden [werden zwischen dem Gesamtdruck einerseits, welcher von einer bewegten Flüssigkeit auf eine entgegenstehende Fläche ausgeübt wird und der in den üblichen Maßen für mechanische Kräfte (kg, ℔ etc.) ausgedrückt werden kann, und dem Flüssigkeitsdruck andrerseits, welcher an jeder Stelle der Fläche durch die Staupressung in der in ihrer Bewegung aufgehaltenen Flüssigkeit entsteht, und der durch die erzeugte Flüssigkeitshöhe zu messen ist. Während die Abhängigkeit des Gesamtdruckes von Geschwindigkeit, Form der Fläche, Neigung derselben gegen die Stromrichtung etc. weder theoretisch noch praktisch bis jetzt in eine gesetzmäßige Form gekleidet werden konnte[1]), zeigten die Methoden von Péclet, Pitot und Recknagel, welche alle die hydraulische Staupressung benutzten, einen Weg, der aller Wahrscheinlichkeit nach zu brauchbaren Ergebnissen führen konnte.

Wenn man bedenkt, daß die Hauptschwierigkeit die Pitotsche und Pécletsche Röhre sowie die Recknagelsche Stauscheibe zu aichen, darin liegt, die Geschwindigkeiten der gegen diese Instrumente bewegten Medien zu bestimmen, so wird man gerade in der Bewegungslehre flüssiger Körper ganz von selbst auf die äußerst einfache Beziehung zwischen der Ausflußgeschwindigkeit und der zur Erzeugung derselben erforderlichen Pressung hingewiesen. Diese Pressung wird bekanntlich durch eine Flüssigkeitssäule des betreffenden Mediums dargestellt von einer Höhe, welche der zu der erzeugten Ausflußgeschwindigkeit gehörenden Fallhöhe entspricht. Daher auch die Bezeichnung »Geschwindigkeitshöhe«.

---

[1]) S. a. J. F. D'Aubuisson de Voisins, Traité d'hydraulique, 1840, 281 und ff.
S. a. Dr. A. Föppl, Vorlesungen über technische Mechanik, 1898, S. 372, 378.

Wie man nun in sehr einfacher Weise durch den Versuch die Richtigkeit des Gesetzes für die Ausflufsgeschwindigkeit nachweisen kann, so mufste doch auch mittels der Pitotschen Röhre der Beweis geliefert werden können, dafs beim Vernichten dieser Geschwindigkeit der zur Erzeugung derselben erforderliche hydraulische Druck wiedergewonnen wird.

Bei der fast unmefsbar geringen inneren Reibung von Wasser und Luft bestand die Hoffnung, dafs der Versuch der doppelten Umsetzung aus Druckhöhe in Geschwindigkeit und aus dieser Geschwindigkeit wieder in Druckhöhe fast verlustfrei sich vollziehen würde. Allerdings stellen Weisbach[1]) und andere den Geschwindigkeitskoeffizienten für Wasser zu 0,967 für eine Druckhöhe von 2 cm und zu 0,994 für eine solche von 103 m fest; aber die Überlegung, dafs die zur Feststellung verwendeten Methoden mit Hilfe der Ausflufsmenge des Wassers und der Sprungweite des Strahles nur mittlere Geschwindigkeiten des Strahles liefern konnten, liefs erwarten, dafs der mittlere Faden des ausfliefsenden Strahles, weil er sich nur an anderen Wasserteilchen reiben kann, während der Mantel des Strahles an dem festen Rande der Ausflufsöffnung stärker zurückgehalten wird, der theoretischen Ausflufsgeschwindigkeit ungemein nahe kommen müsse. Es kam daher bei dem Versuch darauf an, diesen mittleren Faden durch eine möglichst zugespitzte Pitotsche Röhre herauszufangen und zur Erzeugung der Druckhöhe zu benutzen.

Der Versuch wurde mit der in Fig. 34 dargestellten Anordnung gemacht und gelang über alle Erwartungen. Das Wasser in der Versuchsröhre A stieg bei einer Druckhöhe von ca. 1800 mm genau so hoch unter dem Einflufs des Staudruckes wie in der mit dem Gefäfs kommunizierenden Röhre B. Jedenfalls lag die Differenz der Wassersäulen innerhalb des Beobachtungsfehlers. Bei der Schärfe der Ablesung in den dicht nebeneinander gestellten Röhren kann der Beobachtungsfehler aber keinesfalls mehr als 1 mm betragen haben, was in Prozent ausgedrückt 0,0556 % ausmachen würde. Wenn beachtet wird, dafs eine Differenz über-

[1]) J. Weisbach, Lehrbuch der theoretischen Mechanik, 4 Aufl., 1862, I. 787.

haupt nicht beobachtet wurde, die Annahme des Fehlers von
1 mm vielmehr nur unter dem Eindruck geschätzt ist, daſs es
eine ganz verlustlose Umsetzung nicht geben könne, so darf wohl
von einem auch die Theorie vollkommen befriedigenden exakten
Nachweis des Gesetzes gesprochen
werden.

Es muſs bemerkt werden,
daſs eine sehr genaue Einstellung
der Röhrenpitze auf die Mitte
des Strahles vorgenommen werden
muſste, damit man dieses vorzügliche Resultat erhielt; die geringste Verschiebung nach dem
Rande des allerdings nur 4 mm
starken Strahles hatte sofort ein
beträchtliches Sinken der Stau-
drucksäule im Gefolge.

Die gleichen Versuche mit
einer Stauscheibe ergaben genau
das gleiche Resultat.

Der Versuch mit Luft lieſs
mit Rücksicht auf die noch ge-
ringere innere Reibung ein
wenigstens gleich gutes Ergebnis
erwarten. In diesem Falle muſste
jedoch zur Erhöhung der Genauigkeit in der Messung der
Differenz der beiden Druckhöhen
ein Mikromanometer (mit Steig-

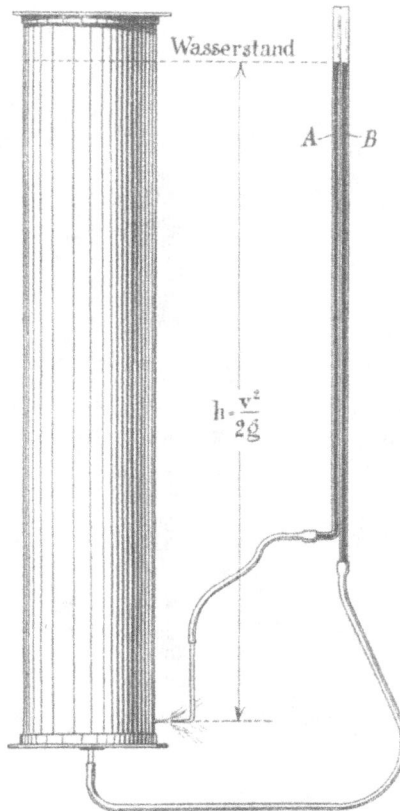

Fig. 34.

ung 1:50) benutzt werden. Die gewählte Schaltung geht aus
Fig. 35 hervor, welche im übrigen sich selbst erklären dürfte.
Der statische Druck von 160 mm Wassersäule im Gefäſs wurde
dadurch hergestellt, daſs sein oberes offenes Ende dem Luftstrom
eines kräftigen Ventilators entgegengestellt wurde, wodurch eine
Staupressung im Inneren des Gefäſses erzeugt werden konnte.
Die hier angewendete genauere Meſsmethode gestatte auch eine

Größenbestimmung der Verluste. Bei einem Druck von 80 mm W. S. ergab sich der Unterschied, zwischen statischem Druck und dy-

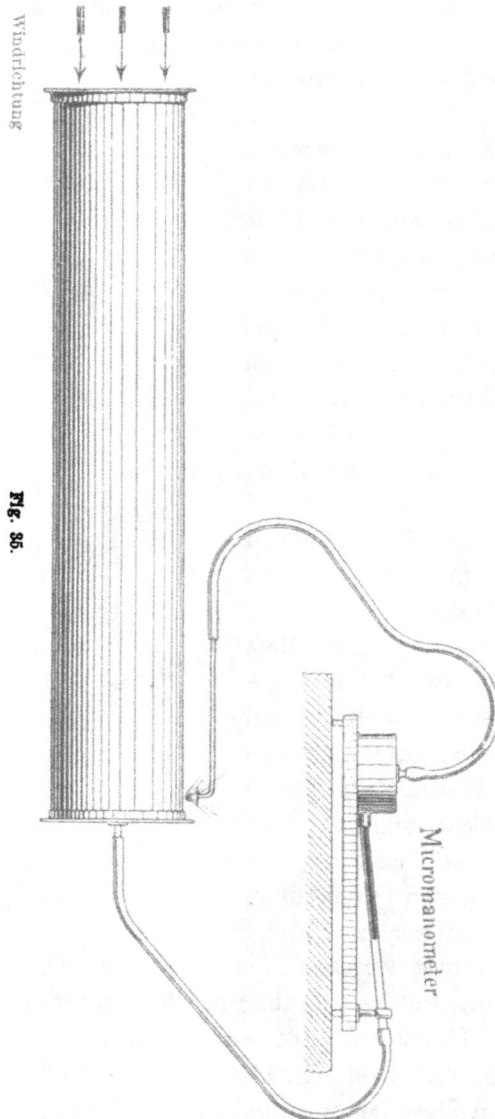

Fig. 35.

namischem gemessen mittels der Pécletschen Röhre zu 0,035 bis 0,055 mm, also von 0,0437 bis 0,0686 %; letzterer Verlust ergab sich auch bei Anwendung der Stauscheibe bei 160 mm Druck W. S., indem 0,11 mm Unterschied gemessen wurde, also ebenfalls 0,0686 % der Geschwindigkeitshöhe. Der sich hieraus ergebende Umsetzungskoeffizient von 0,999 314 darf aber wohl auch bei sehr genauen Messungen gleich 1 gesetzt werden und auch hier die Annahme gerechtfertigt erscheinen, daſs der geringste Fehler gemacht wird, wenn bei Verwendung der zugespitzten Pitotschen bzw. Pécletschen Röhre und der Stauscheibe Staudrucke direkt als Geschwindigkeitshöhen angenommen werden.

Es ist ersichtlich, daſs zum Nachweis dieses Umsetzungsverhältnisses nicht einmal die Kenntnis des Gesetzes notwendig ist, nach welchem sich Druck in Geschwindigkeit und diese in Druck umsetzt, und insofern kann der Versuch wohl als ein Fundamentalversuch bezeichnet und zur Vorführung in der Experimentalphysik empfohlen werden.

Es darf übrigens nicht verschwiegen werden, daſs auch Recknagel den Zug eines Schornsteines zu einem solchen Versuch benutzte, indem er durch eine Öffnung unten in den Schornstein Luft einströmen und auf eine Stauscheibe stoſsen lieſs. Der erzeugte Staudruck wurde hierbei direkt durch den im Schornstein herrschenden Unterdruck aufgehoben.

Nicht ganz verständlich ist es, weshalb Recknagel diesem Versuch nicht mehr Gewicht beilegt, sondern ihn nur ganz flüchtig berührt, da er doch ebenso wie die obengeschilderten schlagender als alle umständlichen Rechnungsmethoden mit Berücksichtigung des so schwer zu bestimmenden Mitwindes und der Zentrifugalwirkungen die geradezu ideale Eigenschaft seiner Stauscheibe vor Augen führt.

Wie oben erwähnt, haftet der Recknagelschen Stauscheibe, wenn sie zur Messung von Windgeschwindigkeiten benutzt werden soll, nur der kleine Mangel an, daſs der Staudruck vorne und der Saugdruck hinten bei umgedrehter Scheibe nicht gleichzeitig gemessen werden können.

Diesen Mangel beseitigte Krell sen.[1]) dadurch, daſs er, wie in Fig. 36 dargestellt, sowohl die Vorderseite als auch die Rück-

---

[1]) O. Krell sen., hydrostatische Meſsinstrumente.

seite der hohlen Stauscheibe in der Mitte durchbohrte und eine Scheidewand einsetzte, so daſs mittels der an den Kammern angesetzten Meſsröhrchen direkt die Differenz der Drucke vorne und hinten, also der Wert 1,37 p gemessen werden konnte.[1])

Diese Einrichtung in Verbindung mit empfindlichen Mikromanometern, Fig. 37, belegt Krell sen. mit Namen »Pneumometer« ($\pi\nu\varepsilon\tilde{\upsilon}\mu\alpha$ der Hauch, Wind) und hat damit einen für den Gebrauch äuſserst zuverlässigen und bequemen Geschwindigkeitsmesser geschaffen.

Ich beschränke mich hier darauf, eine Abbildung dieser Einrichtung zu geben, aus welcher auch ohne nähere Beschreibung das Hauptsächlichste entnommen werden kann, und verweise im Übrigen auf seine Abhandlung über »Hydrostatische Meſsinstrumente«.

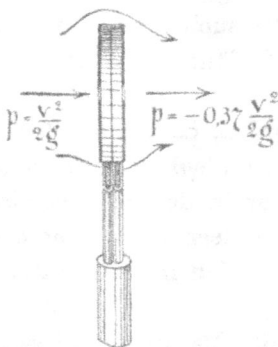

$$p = \frac{v^2}{2g} \qquad p = -0{,}37 \frac{v^2}{2g}$$

Fig. 36.

Der Apparat ist insofern universell, als er auſser seiner Verwendbarkeit als Geschwindigkeitsmeſsinstrument gleichzeitig auch ein einwandfreies Mittel darstellt, an jeder Stelle den statischen Druck zu errechnen. Man hat nämlich nur nötig, nachdem man die Geschwindigkeitshöhe zu $h = \frac{p}{1{,}37}$ bestimmt hat, worin p die ganze Pressungsdifferenz zwischen Vorder- und Rückfläche der Stauscheibe bedeutet, die Gesamtpressung p_v auf die Vorderfläche allein zu messen, indem man den Meſsschlauch für die rückwärtige Öffnung [der Stauscheibe vom Mikromanometer löst. Die Differenz $p_v - h$ [ergibt dann die an der Meſsstelle herrschende statische Pressung.

Wer den ungeheuren Aufwand an Arbeit und Zeit kennt, welcher an allen meteorologischen Stationen ständig geleistet werden muſs, um die Rotationsanemometer, Schalenkreuze etc. durch stets wiederholte genaue Bestimmung der »Konstanten« in

---

[1]) Daſs durch eine solche Einrichtung der statische Druck eliminiert wird, ist auf Seite 25 nachgewiesen worden.

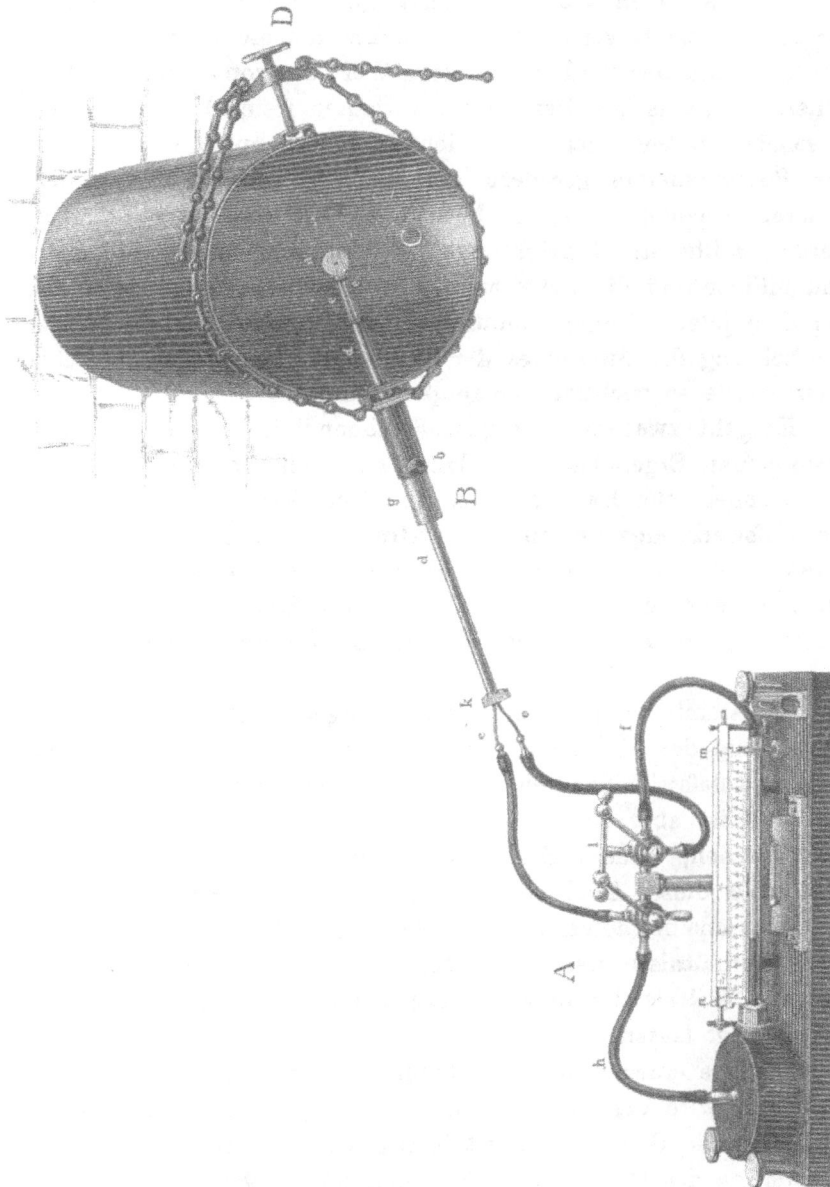

Fig. 37.

wissenschaftlich gebrauchsfähigem Zustande zu erhalten, und wer
vor allem weiſs, in wie wenig befriedigender Weise die Gleichung
für das allerwärts verbreitete Schalenkreuzanemometer aufgestellt
werden kann, der wird den groſsen Wert des von allen veränder-
lichen mechanischen Reibungskoeffizienten freien Pneumometers
zu schätzen wissen. Ich stehe nicht an zu behaupten, daſs mittels
des Pneumometers geradezu die Aichung von Rotations- oder
anderen Anemometern im bewegten Luftstrom vorgenommen
werden sollte, die Einrichtungen hierfür würden viel einfacher
und billiger und die Arbeiten viel weniger zeitraubend sein als
mit dem jetzt üblichen Rotationsapparat, bei welchem die lästige
Erscheinung des Mitwindes der Aichung die für wissenschaftliche
Instrumente so wichtige Genauigkeit nimmt.

Es geht zwar aus der ganzen Abhandlung hervor, daſs alle
gewonnenen Ergebnisse und daher auch die daraus gezogenen
Folgerungen und Behauptungen zur Voraussetzung haben, daſs
die Meſswerkzeuge im freien Luftstrom mit parallelen Luftfäden
angewendet werden, oder, daſs der Kanalquerschnitt, in welchem
gemessen werden soll, nicht zu gering sei. Es soll aber nicht ver-
säumt werden, ausdrücklich hier auf diese Voraussetzungen hin-
zuweisen.

Es ist mir wohl bekannt, daſs in engen Kanälen die reguläre
Ausbildung des Stauhügels von den Kanalwandungen beeinfluſst
wird, und daſs sich dadurch die sonst gültigen Koeffizienten ändern,
bis jetzt ist aber immer nur die Behauptung als solche aufgestellt worden, ohne daſs Angaben veröffentlicht worden wären,
wie groſs dieser Einfluſs enger Rohre ist und wie er sich auf
die Stauscheibe äuſsert. Die Messungen Wolffs hätten zwar
diese Verhältnisse klären können, sind aber in keiner Weise ver-
wertbar, weil sie den lokalen statischen Druck vollkommen unbe-
rücksichtigt lassen.

Solange einwandfreie Feststellungen dieser Verhältnisse nicht
vorliegen, wird man keinen groſsen Fehler begehen, den Meſs-
fehler für die Geschwindigkeit in engen Röhren der prozentualen
Verengung des Querschnittes der Leitung durch die Stauscheibe
gleichzusetzen. Man wird also z. B. mit kleinen Stauscheiben

von 6 mm Durchmesser $= 28{,}3$ qmm in einem Rohr von 60 mm
Durchmesser $= 2830$ qmm etwa mit 1 % Genauigkeit messen können. Hauptbedingung für alle diese Behauptungen ist die Verwendung ganz dünner Scheiben, deren Dickenabmessungen im
Verhältnis zu ihrem Durchmesser sehr gering sind. Diese Bedin-
gung zu erfüllen wird allerdings um so schwieriger, je kleiner
im Durchmesser die Stauscheiben werden.

Nach den Feststellungen der Versuche darf ich wohl behaupten,
daſs die doppelseitige Stauscheibe gegenwärtig als dasjenige Instrument angesehen werden kann, welches in den weitesten Grenzen
benutzbar ist und, in nicht zu extremen Verhältnissen verwandt,
genaue Resultate liefert.

Immer aber wird sie allen Rotationsinstru-
menten gegenüber einen beträchtlichen Vorsprung
behalten, durch die momentane Angabe der Meſswerte, die Unabhängigkeit von mechanischen
Reibungswiderständen und die Konstanz der
Koeffizienten.

Ein einmal selbst für extreme Verhältnisse
geaichtes Pneumometer z. B. wird, solange es
überhaupt Resultate liefert, stets richtige Werte

Fig. 38.

geben, während ein für ähnliche Verhältnisse geaichtes Flügelanemometer nur in unmittelbarer Nähe der Aichstelle und unter
ständiger Kontrolle durch dieselbe verwendbar bleiben wird.
Der praktische Ingenieur kann mit einem von mechanischen
Reibungs- und Festigkeitsverhältnissen abhängigen Meſswerkzeug
ohne Gelegenheit zur Nachaichung nicht das geringste anfangen.
Benutzt er es doch, so wird ihm zum mindesten das so ungemein
wertvolle Vertrauen in die gewonnenen Meſsergebnisse fehlen,
ganz abgesehen davon, daſs durch umständliche Meſsmethoden
die Lust am häufigen Messen verloren geht und dann gar zu
leicht an Stelle von objektiven Feststellungen subjektive Vermut-
ungen treten, welche den projektierenden Ingenieur wertvoller
Erfahrungen berauben können.

Es ist oben darauf hingewiesen worden, daſs die Stauscheibe (auch die zweiseitige) möglichst geringe Abmessungen in

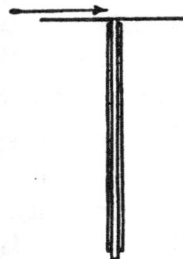

der Dicke haben sollte, um gute Ergebnisse bei den Messungen zu
gewähren. Von diesem Gesichtspunkt aus scheint ein von Geheim-
rat Rietschel meines Wissens neuerdings versuchtes Instrument
geradezu ideal zu sein, dessen Darstellung im Schnitt in Fig. 38
gegeben ist. Die Scheibe besteht aus einem einfachen dünnen
Blech, wie unsere Versuchsscheibe in Fig. 14. Die Pressung auf
der Rückseite wird durch ein als Mantel über das Meſsrohr für
die Vorderseite geschobenes Rohr entnommen, welches mit seinem
Rande bis dicht an die Rückseite der Stauscheibe geführt ist.
Wenn nicht die Pressungsverhältnisse durch das Rohr in der
Scheibenmitte gegenüber der glatten Scheibe gestört werden,
müssen die Angaben vorzügliche sein. Ob dies zutrifft, konnte
ich leider noch nicht durch eigene Versuche feststellen, weil mir
die Versuchseinrichtung bei Bekanntwerden des Instrumentes
nicht mehr zur Verfügung stand.

Desgleichen erfahre ich kurz vor Drucklegung dieser Abhandlung von einem Instrument, mit welchem Prandtl an Stelle
der Krellschen doppelseitigen Stauscheibe gemessen haben soll.
Er ersetzte die hohle Stauscheibe durch ein einfaches rundes
Blech und führte zur Messung der Stauüber- und -unterpressung
vor und hinter der Scheibe dünne gebogene Rohre bis nahe an
die Mittelpunkte der Blechscheibe. Dieses Instrument muſs in
der Tat vorzügliche Resultate liefern und soll in staubführenden
Luftströmen weniger leicht verschmutzen als die hohle Stauscheibe. Leider konnte ich auch dieses Instrument noch nicht
auf seine Eigenschaften untersuchen.

Sollte es mir gelungen sein, durch die Mitteilung vor-
stehender Versuchsergebnisse mit den verschiedenen Meſswerkzeu-
gen die hydrostatischen Meſsmethoden gefördert und vielleicht
eine Anregung zu ihrer weiteren Ausbildung gegeben zu haben,
so würde ich mich dadurch reich für die aufgewendete Mühe
entschädigt sehen.

Zum Schluſs ist es mir eine angenehme Pflicht, der E. A. vorm.
Schuckert & Co. und den Siemens-Schuckert-Werken G. m.
b. H. meinen verbindlichsten Dank dafür auszusprechen, daſs sie in

richtiger Einschätzung des praktischen Wertes der Versuche bereitwilligst die dazu notwendigen Mittel und Versuchsräume zur Verfügung stellten. Aufserdem schulde ich aber auch den Herren Oberingenieur Stauch und Ingenieur Regensteiner grofsen Dank für die Aufopferung, mit der sie mich bei den zum Teil recht mühseligen Messungen unterstützten.

Tabelle I.

In der Tabelle bedeutet h die Geschwindigkeitshöhe für trockene Luft $= 1{,}293 \dfrac{v^2}{2g}$ bei $0°$ Celsius und 760 mm Barometerstand. Die Werte sind alle in Millimetern Wassersäule angegeben. v bedeutet die zugehörige Luftgeschwindigkeit in m/sek. In der dritten Reihe unter p_p sind die zu den Geschwindigkeiten gehörigen Angaben der doppelseitigen Stauscheibe (Pneumometerkopf) enthalten, die um $37°/_0$ über den Geschwindigkeitshöhen liegen, also die Zahlenwerte von $1{,}37 \times 1{,}293 \dfrac{v^2}{2g}$ darstellen. In der vierten Reihe sind die bei Messungen mit der ›Drucksonde‹ zu den Angaben derselben zu addierenden Werte verzeichnet.

h	v	p_p	p_s	h	v	p_p	p_s
0,00016	0,05	0,00022	0,00005	0,1483	1,50	0,2031	0,0438
0,00066	0,10	0,0009	0,00019	0,1583	1,55	0,2169	0,0467
0,00148	0,15	0,0020	0,00044	0,1687	1,60	0,2311	0,0498
0,00246	0,20	0,0036	0,00078	0,1794	1,65	0,2458	0,0529
0,0041	0,25	0,0056	0,00121	0,1905	1,70	0,2609	0,0562
0,0059	0,30	0,0081	0,00174	0,2018	1,75	0,2765	0,0595
0,0081	0,35	0,0111	0,00238	0,2135	1,80	0,2925	0,0630
0,0105	0,40	0,0144	0,00310	0,2255	1,85	0,3090	0,0665
0,0133	0,45	0,0183	0,00392	0,2379	1,90	0,3259	0,0702
0,0165	0,50	0,0226	0,00487	0,2506	1,95	0,3433	0,0740
0,0199	0,55	0,0273	0,00588	0,2636	2,00	0,3611	0,0778
0,0237	0,60	0,0325	0,00699	0,2906	2,10	0,3982	0,0857
0,0278	0,65	0,0381	0,00820	0,3090	2,20	0,4370	0,0911
0,0323	0,70	0,0442	0,00954	0,3486	2,30	0,4776	0,1027
0,0371	0,75	0,0508	0,01094	0,3796	2,40	0,5200	0,1119
0,0422	0,80	0,0578	0,01244	0,4119	2,50	0,5643	0,1235
0,0476	0,85	0,0652	0,01404	0,4455	2,60	0,6103	0,1314
0,0534	0,90	0,0731	0,01575	0,4804	2,70	0,6582	0,1416
0,0595	0,95	0,0815	0,01755	0,5167	2,80	0,7078	0,1525
0,0659	1,00	0,0903	0,01944	0,5542	2,90	0,7593	0,1635
0,0727	1,05	0,0995	0,02144	0,5931	3,00	0,8126	0,1750
0,0797	1,10	0,1092	0,0235	0,6333	3,10	0,8676	0,1866
0,0871	1,15	0,1194	0,0257	0,6748	3,20	0,9245	0,1990
0,0949	1,20	0,1300	0,0280	0,7177	3,30	0,9832	0,2118
0,1030	1,25	0,1411	0,0308	0,7618	3,40	1,0437	0,2248
0,1114	1,30	0,1526	0,0328	0,8073	3,50	1,1060	0,2380
0,1201	1,35	0,1645	0,0354	0,8541	3,60	1,1701	0,2520
0,1292	1,40	0,1770	0,0381	0,9022	3,70	1,2360	0,2660
0,1386	1,45	0,1898	0,0409	0,9516	3,80	1,3037	0,2809

h	v	pp	ps	h	v	pp	ps
1,0024	3,90	1,3732	0,2958	17,942	16,5	24,580	5,295
1,0544	4,00	1,4446	0,3120	19,046	17,0	26,093	5,620
1,1078	4,10	1,5177	0,3270	20,182	17,5	27,650	5,955
1,1625	4,20	1,5926	0,3460	21,352	18,0	29,253	6,300
1,2185	4,30	1,6694	0,3597	22,555	18,5	30,900	6,66
1,2758	4,40	1,7478	0,3765	23,790	19,0	32,592	7,02
1,3345	4,50	1,8283	0,3938	25,059	19,5	34,332	7,39
1,3945	4,60	1,9104	0,4115	26,360	20,0	36,114	7,78
1,4558	4,70	1,9944	0,4295	29,063	21,0	39,816	8,57
1,5184	4,80	2,0802	0,448	31,897	22,0	43,699	9,41
1,5823	4,90	2,1678	0,467	34,862	23,0	47,761	10,29
1,6475	5,00	2,2571	0,486	37,960	24,0	52,005	11,19
1,8164	5,25	2,4885	0,536	41,188	25,0	56,428	12,14
1,9935	5,50	2,7311	0,588	44,550	26,0	61,033	13,14
2,1788	5,75	2,9850	0,643	48,043	27,0	65,818	14,16
2,3725	6,00	3,2503	0,700	51,667	28,0	70,784	15,23
2,5742	6,25	3,5267	0,759	55,423	29,0	75,929	16,34
2,7843	6,50	3,8145	0,821	59,312	30,0	81,257	17,49
3,0026	6,75	4,1136	0,886	63,331	31,0	86,764	18,66
3,2292	7,00	4,4240	0,971	67,484	32,0	92,453	19,90
3,4639	7,25	4,7456	1,021	71,766	33,0	98,319	21,16
3,7070	7,50	5,0786	1,093	76,182	34,0	104,37	22,47
3,9581	7,75	5,4226	1,166	80,730	35,0	110,60	23,8
4,2177	8,00	5,7783	1,242	85,409	36,0	117,01	25,2
4,4854	8,25	6,1450	1,323	90,220	37,0	123,60	26,6
4,7615	8,50	6,5232	1,405	95,162	38,0	130,37	28,1
5,0450	8,75	6,9117	1,488	100,24	39,0	137,23	29,6
5,3381	9,00	7,3131	1,586	105,44	40,0	144,46	31,1
5,6385	9,25	7,7249	1,662	110,78	41,0	151,77	32,7
5,9477	9,50	8,1483	1,754	116,25	42,0	159,26	34,3
6,2647	9,75	8,5826	1,847	121,85	43,0	166,94	35,9
6,5902	10,00	9,0286	1,944	127,58	44,0	174,78	37,7
7,2657	10,50	9,9540	2,142	133,45	45,0	182,83	39,4
7,9742	11,00	10,925	2,350	139,45	46,0	191,04	41,2
8,7156	11,50	11,940	2,571	145,58	47,0	199,44	42,9
9,4898	12,00	13,001	2,800	151,84	48,0	208,02	44,8
10,297	12,50	14,107	3,038	158,23	49,0	216,78	46,7
11,137	13,00	15,258	3,288	164,75	50,0	225,71	48,6
12,011	13,50	16,455	3,545	237,25	60,0	325,03	70,0
12,917	14,00	17,696	3,820	322,92	70,0	442,40	94,7
13,856	14,50	18,982	4,090	421,77	80,0	577,83	124,3
14,828	15,00	20,314	4,375	533,81	90,0	751,33	157,5
15,833	15,50	21,691	4,672	659,02	100,0	902,86	194,4
16,871	16,00	23,113	4,980				

64

Tabelle II

des relativen Gewichts von trockener Luft bei verschiedenen Temperaturen und

$a = 0,003665$ Barometer

t	700	705	710	715	720	725	730	735	740
$-5°$	0,9382	0,9449	0,9516	0,9583	0,9650	0,9717	0,9784	0,9851	0,9919
$-4°$	0,9347	0,9414	0,9481	0,9548	0,9614	0,9681	0,9748	0,9815	0,9882
$-3°$	0,9312	0,9379	0,9445	0,9512	0,9578	0,9645	0,9711	0,9778	0,9845
$-2°$	0,9278	0,9344	0,9411	0,9477	0,9543	0,9610	0,9676	0,9742	0,9809
$-1°$	0,9244	0,9310	0,9376	0,9442	0,9508	0,9574	0,9640	0,9706	0,9773
$0°$	**0,9210**	**0,9276**	**0,9342**	**0,9408**	**0,9473**	**0,9539**	**0,9605**	**0,9671**	**0,9737**
$1°$	0,9176	0,9242	0,9308	0,9374	0,9438	0,9504	0,9570	0,9636	0,9701
$2°$	0,9142	0,9208	0,9273	0,9339	0,9403	0,9469	0,9534	0,9600	0,9665
$3°$	0,9109	0,9174	0,9240	0,9305	0,9369	0,9435	0,9500	0,9565	0,9630
$4°$	0,9077	0,9142	0,9205	0,9272	0,9336	0,9401	0,9466	0,9531	0,9595
$5°$	0,9044	0,9109	0,9173	0,9238	0,9302	0,9367	0,9432	0,9496	0,9561
$6°$	0,9011	0,9076	0,9141	0,9205	0,9269	0,9333	0,9398	0,9463	0,9527
$7°$	0,8979	0,9044	0,9108	0,9172	0,9236	0,9300	0,9364	0,9429	0,9493
$8°$	0,8947	0,9011	0,9075	0,9139	0,9203	0,9267	0,9331	0,9395	0,9459
$9°$	0,8916	0,8980	0,9043	0,9107	0,9170	0,9234	0,9298	0,9362	0,9426
$10°$	0,8885	0,8948	0,9012	0,9075	0,9138	0,9202	0,9265	0,9329	0,9393
$11°$	0,8854	0,8917	0,8980	0,9043	0,9106	0,9169	0,9233	0,9296	0,9360
$12°$	0,8822	0,8885	0,8948	0,9011	0,9074	0,9137	0,9200	0,9263	0,9327
$13°$	0,8791	0,8853	0,8916	0,8979	0,9041	0,9104	0,9145	0,9230	0,9293
$14°$	0,8761	0,8823	0,8886	0,8948	0,9010	0,9073	0,9136	0,9199	0,9261
$15°$	0,8730	0,8792	0,8855	0,8917	0,8979	0,9042	0,9104	0,9167	0,9229
$16°$	0,8700	0,8762	0,8824	0,8886	0,8948	0,9010	0,9072	0,9135	0,9197
$17°$	0,8670	0,8732	0,8794	0,8856	0,8917	0,8980	0,9042	0,9104	0,9166
$18°$	0,8640	0,8701	0,8763	0,8825	0,8886	0,8948	0,9010	0,9072	0,9134
$19°$	0,8610	0,8672	0,8733	0,8795	0,8856	0,8918	0,8979	0,9041	0,9103
$20°$	0,8581	0,8642	0,8703	0,8765	0,8825	0,8887	0,8948	0,9010	0,9071
$21°$	0,8551	0,8612	0,8674	0,8735	0,8795	0,8856	0,8918	0,8979	0,9040
$22°$	0,8522	0,8584	0,8645	0,8706	0,8766	0,8827	0,8884	0,8949	0,9010
$23°$	0,8494	0,8555	0,8616	0,8676	0,8736	0,8797	0,8858	0,8919	0,8980
$24°$	0,8465	0,8526	0,8587	0,8647	0,8707	0,8768	0,8828	0,8889	0,8950
$25°$	0,8437	0,8497	0,8558	0,8618	0,8678	0,8738	0,8799	0,8859	0,8920
$26°$	0,8408	0,8468	0,8529	0,8589	0,8648	0,8709	0,8769	0,8829	0,8889
$27°$	0,8381	0,8441	0,8501	0,8561	0,8620	0,8680	0,8740	0,8800	0,8860
$28°$	0,8352	0,8412	0,8472	0,8532	0,8591	0,8650	0,8710	0,8770	0,8830
$29°$	0,8324	0,8384	0,8444	0,8503	0,8562	0,8622	0,8681	0,8741	0,8801
$30°$	0,8297	0,8356	0,8416	0,8475	0,8534	0,8593	0,8653	0,8712	0,8772

Tabelle II

verschiedenen Barometerständen im Vergleich zu Luft von 0° bei 760 mm stand.

745	750	755	760	765	770	775	780	Differenz für 1 mm
0,9985	1,0052	1,0119	1,0187	1,0254	1,0321	1,0388	1,0455	0,00134
0,9947	1,0015	1,0082	1,0149	1,0215	1,0282	1,0349	1,0416	0,00133
0,9910	0,9977	1,0044	1,0111	1,0177	1,0244	1,0310	1,0377	0,00133
0,9874	0,9941	1,0007	1,0074	1,0140	1,0206	1,0272	1,0339	0,00132
0,9838	0,9904	0,9970	1,0037	1,0103	1,0169	1,0235	1,0301	0,00132
0,9802	0,9868	0,9934	1,0000	1,0066	1,0132	1,0197	1,0263	0,00131
0,9766	0,9832	0,9898	0,9964	1,0029	1,0095	1,0160	1,0226	0,00131
0,9730	0,9795	0,9861	0,9927	0,9992	1,0058	1,0123	1,0188	0,00130
0,9695	0,9760	0,9825	0,9891	0,9956	1,0021	1,0086	1,0151	0,00130
0,9660	0,9725	0,9790	0,9856	0,9921	0,9986	1,0050	1,0115	0,00129
0,9625	0,9690	0,9755	0,9820	0,9884	0,9949	1,0013	1,0078	0,00129
0,9591	0,9655	0,9720	0,9785	0,9849	0,9914	0,9978	1,0042	0,00128
0,9556	0,9621	0,9685	0,9750	0,9814	0,9878	0,9942	1,0006	0,00128
0,9522	0,9586	0,9650	0,9715	0,9779	0,9843	0,9906	0,9970	0,00127
0,9489	0,9553	0,9617	0,9681	0,9744	0,9808	0,9871	0,9936	0,00127
0,9455	0,9519	0,9583	0,9647	0,9710	0,9774	0,9837	0,9901	0,00127
0,9422	0,9486	0,9549	0,9613	0,9676	0,9739	0,9813	0,9866	0,00126
0,9389	0,9452	0,9515	0,9579	0,9642	0,9705	0,9767	0,9830	0,00126
0,9356	0,9419	0,9482	0,9545	0,9607	0,9670	0,9733	0,9796	0,00125
0,9323	0,9386	0,9449	0,9512	0,9574	0,9637	0,9699	0,9762	0,00125
0,9291	0,9353	0,9416	0,9479	0,9541	0,9604	0,9665	0,9728	0,00124
0,9258	0,9321	0,9383	0,9446	0,9508	0,9570	0,9632	0,9694	0,00124
0,9227	0,9289	0,9351	0,9414	0,9476	0,9538	0,9599	0,9661	0,00123
0,9195	0,9257	0,9319	0,9381	0,9442	0,9504	0,9565	0,9628	0,00123
0,9163	0,9225	0,9287	0,9349	0,9410	0,9472	0,9533	0,9595	0,00122
0,9132	0,9194	0,9255	0,9317	0,9378	0,9439	0,9500	0,9562	0,00122
0,9101	0,9162	0,9233	0,9285	0,9346	0,9407	0,9467	0,9529	0,00122
0,9070	0,9131	0,9192	0,9254	0,9315	0,9376	0,9436	0,9497	0,00121
0,9040	0,9101	0,9162	0,9233	0,9283	0,9344	0,9405	0,9466	0,00121
0,9009	0,9070	0,9131	0,9192	0,9252	0,9313	0,9373	0,9434	0,00121
0,8979	0,9040	0,9100	0,9161	0,9221	0,9281	0,9341	0,9402	0,00120
0,8949	0,9009	0,9069	0,9130	0,9190	0,9250	0,9310	0,9370	0,00120
0,8919	0,8979	0,9039	0,9100	0,9160	0,9220	0,9279	0,9339	0,00120
0,8889	0,8949	0,9009	0,9069	0,9128	0,9188	0,9247	0,9308	0,00119
0,8860	0,8919	0,8979	0,9039	0,9098	0,9158	0,9217	0,9277	0,00119
0,8830	0,8890	0,8949	0,9009	0,9068	0,9127	0,9186	0,9246	0,00118

Verlag von R. Oldenbourg in München und Berlin.

In Kürze erscheint:

Graphische

Rohrbestimmungs-Methode

für Wasserheizungen.

Von W. Schweer.

Preis elegant gebunden ca. M. 5.—.

Das Buch enthält auf 10 in zweifarbigem Druck auf starkem Papier hergestellten, zum Gebrauch auf dem Zeichentische geeigneten Tafeln für die Wärmemengen bis 1 000 000 WE die Widerstandshöhen der Richtungs- und Querschnittsänderungen und der Wasserreibung in den Röhren als Ordinaten der Kurven für die üblichen Rohrdimensionen von 11 bis 246 mm lichter Weite in natürlicher Gröfse. Kleine Widerstandshöhen bis 0,005 m sind auf besonderen Diagrammen in fünffacher Gröfse abzugreifen.

Als Einheit sind den Ordinaten die in der Praxis am häufigsten vorkommenden Werte zugrunde gelegt; mit Hilfe eines dem Buche beigegebenen auf der Ähnlichkeitslehre der Dreiecke beruhenden Streckenteilers kann sehr bequem und schnell für jede vorkommende Rohrlänge die Widerstandshöhe mit dem Zirkel abgegriffen werden.

Durch Anwendung eines bestimmten Höhenmafsstabes repräsentiert die Strangskizze die Druckhöhen, und in einfachster Weise werden ohne Rechnen allein mittels Zirkel die Rohrdimensionen derartig ermittelt, dafs in jedem einzelnen Kreislaufe Druckhöhe und Widerstandshöhe vollkommen gleich werden.

Hierdurch wird erreicht, dafs, soweit die Rohrleitung in Betracht kommt, sämtliche Heizkörper einer Anlage bei jeder Wassertemperatur gleichmäfsig und gut funktionieren müssen, dafs die bisher zur Beseitigung von Ungleichmäfsigkeiten als Notanker benutzten teuren Justiereinrichtungen fortfallen, dafs dieses gute Funktionieren der Heizung unter Aufwand des denkbar geringsten Rohrmaterials herbeigeführt wird. —

Bei der Projektierung ergibt sich die Annehmlichkeit, dafs der genaue Preis der Rohrleitung mit wenig Zeitaufwand zu ermitteln ist.

In dem Buche ist an verschiedenen Beispielen die Anwendung dieser Methode für die Wasserverteilung von unten sowie von oben gezeigt. Ebenso ist die Anwendung bei Heizkörpern, welche tiefer als der Kessel liegen, erörtert. Auch für motorischen Zirkulationsimpuls, Schnellumlaufheizung, ist diese Methode an einem Beispiele erläutert.

Verlag von R. Oldenbourg in München und Berlin.

Schillings

Journal für Gasbeleuchtung

und

verwandte Beleuchtungsarten sowie für Wasserversorgung.

Organ des
Deutschen Vereins von Gas- und Wasserfachmännern.

Herausgeber und Chef-Redakteur

Geb. Hofrat **Dr. H. Bunte,**
Professor an der Technischen Hochschule in Karlsruhe,
General-Sekretär des Vereins.

Jährlich 52 Hefte. Preis M. 20.—.

Das Journal für Gasbeleuchtung und verwandte
Beleuchtungsarten sowie für Wasserversorgung.
Organ des Deutschen Vereins von Gas- und Wasserfachmännern, steht nun in seinem 47. Jahrgange. Es behandelt
nicht nur die Kohlengasbeleuchtung und Wasserversorgung, auf welchen Gebieten es unter den Publika,
tionen aller Länder eine führende Stelle einnimmt, in ihrem
ganzen Umfange, sondern gibt auch eingehende Informationen
über die verwandten Beleuchtungsarten, Azetylen, Petroleum,
Spiritusglühlicht, Luftgas sowie elektrische Beleuchtung.
Auch die Hygiene wird, soweit sie im Hinblick auf die Beleuchtung, Wasserversorgung, Städtereinigung usw. in Betracht
kommt, in gebührender Weise berücksichtigt. — Besondere
Aufmerksamkeit wird allen bewährten und aussichtsreichen
Neuerungen im Installationswesen sowohl auf dem
Gebiete der Licht- als der Wasserversorgung gewidmet.

Berichte über die einschlägigen Fachvereine, die Abschnitte
›Literatur‹, ›Auszüge aus den Patentschriften‹, ›Statistische
und finanzielle Mitteilungen‹, ›Korrespondenz‹ und ›Brief-
und Fragekasten‹ vervollständigen den Inhalt jeder Nummer.

Probenummer gratis und franko.

Verlag von R. Oldenbourg in München und Berlin.

LEHRBUCH
der
Technischen Physik
von
Professor Dr. **HANS LORENZ,** Ingenieur.

Bisher erschien:

Band I:

TECHNISCHE MECHANIK
STARRER SYSTEME

XXIV u. 625 Seiten. 8⁰. Mit 254 Abbild. Preis brosch. M. 15.—,
geb. M. 16.—.

Band II:

TECHNISCHE WÄRMELEHRE

XX u. 544 Seiten mit 136 Abbildungen. Preis brosch. M. 13.—,
geb. M. 14.—.

Ferner werden erscheinen:

Band III:

MECHANIK DER
DEFORMIERBAREN KÖRPER
(Elastizitäts- u. Festigkeitslehre, Hydromechanik).

Band IV:

TECHNISCHE ELEKTRIZITÄTS-
LEHRE UND OPTIK.

Verlag von R. Oldenbourg in München und Berlin.

Berechnung und Konstruktion
der
Schiffsmaschinen und -Kessel.

Ein Handbuch zum Gebrauch
für Konstrukteure, Seemaschinisten und Studierende
von
Dr. G. Bauer,
Oberingenieur der Stettiner Maschinenbau-A.-G. »Vulkan«
unter Mitwirkung der Ingenieure
E. Ludwig, A. Boettcher und H. Foettinger.

Zweite, vermehrte und verbesserte Auflage. — 728 Seiten mit
535 Illustrationen, 17 Tafeln und vielen Tabellen.
In Leinwand gebunden M. 18.50.

Der Text des Buches umfaßt das **gesamte Gebiet des
modernen Schiffsmaschinenbaues.** Die theoretischen Ent-
wicklungen über Massenausgleich, Drehmoment von
Mehrkurbelmaschinen, Berechnung der Zylinder-
Dimensionen sowie der Schiffsschraube; ferner die
große Anzahl praktischer Konstruktions-Regeln und
-Tabellen und die Ausblicke auf Herstellung und Be-
trieb dürften darin besonderes Interesse erwecken.

Die erste, starke Auflage war in ungefähr einem Jahre
vergriffen. Die soeben ausgegebene 2. Auflage hat nennens-
werte Verbesserungen und Erweiterungen erfahren, namentlich
die Kapitel über „Anordnung der Hauptmaschinen" und
„Wasserrohrkessel"; außerdem ist eine große Anzahl Tabellen
von Teilen ausgeführter Schiffsmaschinenanlagen neu hinzu-
gefügt. Einen besonderen Wert haben diese neu hinzugekom-
menen Tabellen dadurch gewonnen, daß Seine Exzellenz der
Herr Staatssekretär des Reichsmarineamtes dem Verfasser die
Benutzung von Bauvorschriften verschiedener Schiffe der
kaiserl. deutschen Marine gewährt hat.

Was dem Buche zur größten Zierde gereicht und mit in
erster Linie seinen Wert bedingt, sind die **überaus zahl-
reichen Abbildungen,** die es teils in Form von Text-Illustra-
tionen, teils als Vollbilder enthält. **Eine große Anzahl dieser
Abbildungen ist Werkstattzeichnungen und Photographien
tatsächlich ausgeführter Maschinen entnommen,** welche dem
Verfasser von einer Reihe bedeutender deutscher, englischer
und französischer Firmen der Schiffsmaschinen-Industrie zur
Verfügung gestellt wurden.

Eine **russische Ausgabe** des Werkes ist erschienen; eine
englische in Vorbereitung!

Ausführliche Prospekte gratis und franko.

Verlag von R. Oldenbourg in München und Berlin.

Deutscher Kalender für Elektrotechniker.

Herausgegeben von **F. Uppenborn,** Stadtbaurat in München. Einundzwanzigster Jahrgang. 2 Teile, wovon der 1. Teil in Brieftaschenform (Leder) geb. M. 5.—.

Österreichischer Kalender für Elektrotechniker.
Unter Mitwirkung hervorragender Fachleute, herausgegeben von **F. Uppenborn,** Stadtbaurat. Preis K. 6.—.

Schweizerischer Kalender für Elektrotechniker.
Unter Mitwirkung von Ingenieur **S. Herzog,** Zürich, herausgegeben von **F. Uppenborn,** Stadtbaurat. Preis Frs. 6.50.

Schaars Kalender für das Gas- und Wasserfach.
Zum Gebrauche für Dirigenten und techn. Beamte der Gas- und Wasserwerke sowie für Gas- und Wasserinstallateure bearbeitet von Dr. **E. Schilling,** Ingenieur, und **G. Anklam,** Ingenieur u. Betriebsdirigent der Berliner Wasserwerke zu Friedrichshagen. Siebenundzwanzigster Jahrg. In Brieftaschenform (Leder) geb. M. 4.50.

Kalender für Gesundheits-Techniker.

Taschenbuch für die Anlage von Lüftungs-, Zentralheizungs- und Bade-Einrichtungen. Herausgegeben von **Herm. Recknagel,** Ingenieur. In Brieftaschenform (Leder) geb. M. 4.—.

Kalender für Seemaschinisten.
Unter besonderer Mitwirkung von **E. Ludwig** u. **E. Lindner,** Ingenieure für Schiffsmaschinenbau, und mit einem Anhang über Seewesen von Prof. **P. Vogel.** Herausgegeben von Dr. **G. Bauer,** Oberingenieur der Stettiner Maschinenbau. A.-G. ›Vulkan‹. Preis geb. M 6.—.

Verlag von R. Oldenbourg in München und Berlin.

Elektrische Bahnen.
Zeitschrift
für das gesamte elektr. Beförderungswesen.

Herausgeber: **Wilhelm Kübler,**
Professor an der Kgl. Technischen Hochschule zu Dresden.

STÄNDIGE MITARBEITER.

Geh. Reg.-Rat Professor von Borries-Charlottenburg; Professor Buhle-Dresden; Prof. Görges-Dresden; Prof. Kammerer-Charlottenburg; Direktor Kolben-Prag; Professor Giovanni Ossanna-München; Regierungsbaumeister Pforr-Berlin; Oberingenieur Dr. Jng. Reichel-Berlin; Professor Dr. Rössler-Charlottenburg; Regierungsbaumeister Schimpff-Altona; Spängler, Direktor der städtischen Strafsenbahnen in Wien; Geh. Baurat Professor Dr. Ulbricht-Dresden; Stadtbaurat Uppenborn-München; Professor Veesenmeyer-Stuttgart; Geh. Baurat Wittfeld-Berlin.

Die Zeitschrift beabsichtigt die Veröffentlichung von **Aufsätzen** wissenschaftlichen Inhaltes aus dem Gebiete des elektrischen **Verkehrs- und Transportwesens** mit Einschlufs aller dazu gehörenden technischen Hilfsmittel, eingehende **Beschreibung und zeichnerische Darstellung** von bedeutenden Ausführungen und Projekten, **Mitteilung von Betriebsergebnissen,** Behandlung wirtschaftlicher **Fragen und Aufgaben** unter Berücksichtigung der Betriebsführung und des **Rechnungswesens,** kurze **Berichterstattung** über allgemein interessierende Vorgänge in der in- und ausländischen Praxis, über die wesentlichen Erscheinungen der Fachliteratur, der Statistik usw.

Bei Gründung der Zeitschrift (etwa Mitte 1903) war in Aussicht genommen, sie in 12 Monatsheften zu je 20 Seiten (4°) Umfang erscheinen zu lassen. Die im Jahre 1903 noch ausgegebenen 4 Bände holten diesen gesamten, für einen Jahrgang projektierten Umfang nach.

Das Programm der Zeitschrift, welches das gesamte elektrische Beförderungswesen, also nicht nur das ganze Gebiet elektrischer Bahnen (insbesondere auch der **Vollbahnen**) sondern auch die **Massengüterbewältigung, Hebezeuge, Selbstfahrer, Boote** etc., umfassen soll, ist jedoch ein so ausgedehntes und von so grofser Bedeutung, dafs dieser ursprünglich beabsichtigte Umfang auf die Dauer nicht zur Unterbringung alles Stoffes genügen konnte und im ersten Jahrgange fast ausschliefslich nur die Berücksichtigung der **eigentlichen Bahnen** zuliefs. Wir haben uns daher entschlossen, die Zeitschrift statt in 12 **Monatsheften** zu 20 Seiten ab 1. Januar 1904 **halbmonatlich,** also in 24 Heften à 16 Seiten, erscheinen zu lassen. Dies bedeutet

eine Umfangvermehrung von 60%,
die wir
ohne Preiserhöhung

eintreten lassen. Die Zeitschrift kostet daher für den kompletten Jahrgang 1904 wie früher

M. 16.—.

Verlag von R. Oldenbourg in München und Berlin.

Leitfaden der Hygiene
für Techniker,
Verwaltungsbeamte und Studierende dieser Fächer.
Von
Professor H. Chr. Nufsbaum in Hannover.

601 Seiten gr. 8⁰ mit 110 Abbild. Preis eleg. geb. M. 16.—.

Aus dem Inhaltsverzeichnis:

I. Die Luft.
II. Die Lüftung der Aufenthaltsräume.
III. Die Wärme.
IV. Die Heizung.
V. Die Kleidung.
VI. Das Licht.
VII. Die Tagesbeleuchtung.
VIII. Die künstl. Beleuchtung.
IX. Der Boden.
X. Der Städtebau.
XI. Das Wohnhaus.

XII. Die Schule.
XIII. Das Krankenhaus.
XIV. Die Kaserne.
XV. Das Gefängnis.
XVI. Die Wasserversorgung.
XVII. Die Beseitigung der Abwässer u. Abfallstoffe.
XVIII. Die Leichenbestattung.
XIX. Die Gewerbtätigkeit.
XX. Bakteriologie.
XXI. Die Ernährung.

Deutsche Bauhütte.

.... Das Buch bedeutet mehr als ein wertvolles Handbuch, es ist für den Techniker ein wichtiges Rüstzeug, insofern es ihn befähigen soll, viele Fragen, deren Beantwortung bisher anderen Faktoren überlassen blieb, selbst zu lösen. Es ist deshalb für alle diejenigen, die als Verwaltungsbeamte oder in öffentlicher Arbeit stehen, unentbehrlich, und der Verfasser darf das Verdienst in Anspruch nehmen, mit seinem Werke der deutschen Technikerschaft ein wertvolles Geschenk gemacht zu haben.

Technische Woche.

.... Der Inhalt dieses Buches erscheint uns so wertvoll, dafs wir vielleicht mit Erlaubnis des Verfassers Gelegenheit nehmen werden, kurze Auszüge aus demselben über besonders aktuelle Fragen unseren Lesern in der »Technischen Woche« vorzuführen. Wir können die Anschaffung dieses interessanten Buches, welches auch für den gebildeten Laien gut verständlich geschrieben ist, durchaus empfehlen.

Gemeinde-Verwaltungsblatt.

.... Das Werk, das unseres Wissens einzig in seiner Art ist, sollte in keiner städtischen oder überhaupt kommunalen Bibliothek fehlen.

Zeitschrift für Polizei- und Verwaltungsbeamte.

.... Jeder Fachmann, und der es werden will, mufs an dem Buche seine helle Freude haben und wird in den klaren, lichtvollen und leicht fafslichen Ausführungen der Anregung und Belehrung nicht ermangeln.

Münchner Allgemeine Zeitung.

.... Alles in allem: der Leitfaden ist ein vollendetes Werk, das nicht nur dem Fachmanne reiche Belehrung bringt und nirgends im Stiche läfst, sondern auch dem Laien ein Urteil über die hygienischen Verhältnisse seiner näheren und weiteren Umgebung ermöglicht.

www.ingramcontent.com/pod-product-compliance
Lightning Source LLC
Chambersburg PA
CBHW081243190326
41458CB00016B/5895